MANUEL PRATIQUE

DES

NÉGOCIANTS EN VINS ET SPIRITUEUX

DES PROPRIÉTAIRES, VIGNERONS

ET TONNELIERS

Contenant des conseils d'une utilité journalière
pour toutes les maladies
et altérations des Vins, Eaux-de-Vie, Cidres et Vinaigres.
Coupage des Vins.
Désinfection et dérougissement des vases vinaires.
Lois nouvelles, Impôts, Relations du commerce avec la Régie.
Classification des Vins de France.
Mesures vinicoles.

PRIX : 3 FR. 50

PARIS

Aux bureaux du MONITEUR VINICOLE

6, RUE DE BEAUNE, 6

MANUEL PRATIQUE

DES

NÉGOCIANTS EN VINS ET SPIRITUEUX
DES PROPRIÉTAIRES
VIGNERONS ET TONNELIERS

MANUEL PRATIQUE

DES

NÉGOCIANTS EN VINS ET SPIRITUEUX

DES PROPRIÉTAIRES, VIGNERONS

ET TONNELIERS

Contenant des conseils d'une utilité journalière
pour toutes les maladies
et altérations des Vins, Eaux-de-Vie, Cidres et Vinaigres.
Coupage des Vins.
Désinfection et dérougissement des vases vinaires.
Lois nouvelles, Impôts, Relations du commerce avec la Régie.
Classification des Vins de France.
Mesures vinicoles.

PRIX : 3 FR. 50

PARIS

Aux bureaux du MONITEUR VINICOLE

6, RUE DE BEAUNE, 6

INTRODUCTIO

Le vin, l'eau-de-vie, les liqueurs, le vinaigre, le cidre, ainsi que les vases et récipients destinés à loger
ces différents liquides sont continuellement exposés à
subir l'influence plus ou moins pernicieuse des milieux
au centre desquels ils sont emmagasinés. Cette influence se fait sentir d'autant plus directement et d'autant plus spontanément que le liquide a été fabriqué
et manipulé dans des conditions plus ou moins nor-
males, qu'il a été logé dans des récipients plus ou
moins bien conditionnés.

Le vin, l'eau-de-vie, le cidre et même le vinaigre
ne prennent le nom de boisson que lorsqu'ils ont atteint un certain degré de maturité. Il faut que ces
boissons soient mûres pour être buvables, ou au moins
pour être dans de bonnes conditions de consommation. Or ces boissons ont en général deux maturités :
celles qu'elles acquièrent en tonneau et celle qu'elles
acquièrent en bouteille. La maturité en tonneau indique la mise en bouteilles, la maturité en bouteilles
indique le moment, obligé, de la consommation. Mais
pour atteindre ces deux maturités, le vin, l'eau-de-vie,
le cidre et le vinaigre sont susceptibles d'un assez grand
nombre d'altérations, qui proviennent le plus souvent
du travail qui a présidé à leur fabrication, du local
dans lequel ils ont été logés, des manipulations plus
ou moins intelligentes qu'on leur a fait subir, et enfin
des soins plus ou moins assidus dont ils ont été l'objet.

De ces différentes conditions de conservation, il résulte pour les liquides alimentaires de nombreux cas d'altérations, qui, de tout temps, ont éveillé l'attention des vignerons, des négociants, des sommeliers et des tonneliers. Aussi n'existe-il pas d'ouvrages vinicoles, où il ne soit fait mention de quelques maladies et altérations qui attaquent les liquides et particulièrement le vin.

Mais cette partie très importante des connaissances œnologiques a toujours été très superficiellement traitée, si bien que, dans la plupart des cas, les intéressés se trouvent en présence de l'inconnu et sont obligés de s'en référer à des recettes plus ou moins empiriques. Nous avons donc pensé que ce serait rendre un grand service à la production, au commerce, et même à la consommation, que de réunir dans un ouvrage spécial, portatif et bon marché, toutes les recettes, conseils et renseignements intéressant la conservation des boissons, les méthodes les plus rationnelles pour prévenir leurs altérations, et dans le cas de maladies, les principes de traitement consacrés par l'expérience, afin de ramener, autant que possible, les liquides altérés à leur état primitif et de saine consommation.

C'est ce livre que nous offrons aujourd'hui au public, livre pratique s'il en fût, même par son agencement et ses divisions qui permettent de le consulter sans recherches, sans pertes de temps, et sans difficultés.

Le premier chapitre est consacré aux maladies et altérations des vins, on en trouvera, par ordre d'affinité, la longue énumération à la table des matières avec renvoi à la page où la question est traitée et élucidée. Nous avons cru utile de donner toutes les recettes préconisées, tous les procédés en usage, sans accorder la préférence à celui-ci contre celui-là, en ce sens que nous sommes convaincus de ce principe : c'est qu'en toute chose, tout est relatif, qu'il n'y a rien d'absolu et que selon les localités, le climat, la saison, la nature du liquide, les soins dont ce dernier a été l'objet, etc..., etc..., le traitement, qui est efficace dans certaines conditions, ne le sera pas dans d'autres et *vice versâ*. La nature du vin, sa finesse, son bouquet, son crû même peuvent influer sur le choix des moyens à mettre en œuvre, selon les cas d'altération. Nous avons donc pensé que nous ne devions pas donner la préférence à un traitement à l'exclusion d'un autre.

Notre second chapitre intéresse spécialement les fabricants, détenteurs et négociants de spiritueux, d'eau-de-vie, d'alcools et de liqueurs.

Le troisième comprend les recettes utiles à la conservation et à la guérison des vinaigres altérés.

Le quatrième chapitre contient tout ce qui peut intéresser la conservation et la désinfection des vases vinaires. Les tonneliers eux-mêmes, hommes experts s'il en fût, trouveront dans ce chapitre d'excellentes recettes, encore peu connues, qui, propagées, pourront rendre de grands services et sauver des vins de prix d'une perte certaine.

Le cinquième chapitre est consacré aux maladies et altérations des cidres.

Comme complément à cet ensemble, le sixième chapitre contient un certain nombre de recettes et renseignements généraux, qui intéressent tout à la fois les vins, les spiritueux, les vinaigres, les vases vinaires et les cidres et qui ne pouvaient directement trouver place dans les cinq premiers, sans en rompre l'ordre et le sujet.

Le septième chapitre a également sa raison d'être : il renferme une classification méthodique des mesures vinicoles françaises et étrangères.

Enfin le huitième et dernier chapitre résume d'une manière complète la classification des vins de France par département, par classe et par ordre de mérite. En outre chaque département est précédé de documents statistiques d'un haut intérêt pratique : la région et la province dans lesquelles le département se trouve situé ; l'ordre viticole, c'est-à-dire l'importance du département envisagé au point de vue de la superficie plantée en vignes. Puis la superficie totale du département, la superficie viticole, le rendement moyen par hectare, le prix moyen de l'hectolitre de vin, le revenu brut par hectare, c'est-à-dire, frais de culture non déduits, et enfin le revenu moyen vinicole total du département.

Nous n'avons pas déduit du revenu brut par hectare les frais de main-d'œuvre, qui peuvent difficilement s'apprécier, car la main-d'œuvre varie non seulement de province à province, de département à département, de sous-préfecture à sous-préfecture, mais encore de canton à canton et souvent même de commune à commune. Avoir eu l'idée de poser de semblables chiffres, c'eût été nous engager dans une voie pleine d'erreurs.

Tel est en résumé notre livre dont l'utilité pratique ne saurait être contestée. C'est le meilleur titre que **nous** puissions invoquer en sa faveur.

POST-FACE

Des circonstances sont venues à la dernière heure modifier le programme qu'on vient de lire, ce sont ces modifications qui font l'objet de cette post-face.

Notre manuscrit, tel qu'il avait été conçu en premier lieu, et tel qu'il avait été remis à l'impression, fut communiqué à quelques personnes compétentes, qui nous firent observer que notre livre serait incomplet, si nous ne donnions pas quelques instructions pratiques sur les coupages, sur les lois qui régissent actuellement le commerce des vins et spiritueux, sur les conséquences de ces lois qui modifient si profondément, depuis 1871, l'ancienne législation, et enfin sur la nature des rapports qui existent entre les producteurs et négociants avec la Régie.

Ce programme nouveau nous a paru être le complément naturel de notre premier plan, aussi n'avons-nous pas hésité un seul instant à y donner notre approbation. C'est alors que nous avons modifié notre travail en lui donnant les proportions qu'il a actuellement.

Le commerce, ainsi que la production, doivent en effet avoir continuellement devant les yeux les lois qui régissent la matière, tant au point de vue de la manipulation des produits vinicoles que de leur vente.

Il est nécessaire en outre que les intéressés connaissent la situation qui leur est faite par les nouvelles lois, de manière à ce que chacun puisse appliquer la taxe dans toutes ses modifications, dans ses applications les plus directement pratiques, soit dans le cas d'agglomération au dessous de 4,000 âmes, d'agglomérations entre 4,000 et 50,000 âmes et au dessus de 50,000 âmes.

Nous avons également reconnu qu'il était intéressant pour tous de connaître la nature des rapports qui existent entre les producteurs et négociants avec la Régie et, à cet effet, nous avons rédigé un chapitre spécial, qui nous paraît avoir également sa raison d'être.

Ces additions nous ont obligé à modifier l'ordre des chapitres dont nous avons précédemment donné la nomenclature, si bien que notre septième chapitre : *Classification méthodique des mesures vinicoles*, devient, par le fait de notre nouveau programme, le douzième.

CHAPITRE IER

Guérison des Maladies et Altérations du Vin

Vins en barriques, leur traitement. — A la réception des vins vieux en barriques, dit M. Roussel, il faut enlever la double futaille, ouiller avec du vin de bonne qualité, et placer la barrique dans une cave, la bonde sur le côté, en la tournant de gauche à droite, pour éviter tout contact du vin avec l'air extérieur.

Après deux ou trois semaines de repos, on doit s'assurer, avant de tirer le vin en bouteilles, s'il est parfaitement limpide. On ne peut en être certain qu'en examinant le vin dans un verre à pied contre une lumière *dans l'osbcurité*. Si l'on met le vin en bouteilles quand il est peu limpide, il dépose beaucoup et contracte de la dureté parce qu'il n'est pas purgé de ses lies. Dans le cas où le vin ne deviendrait pas limpide naturellement après un peu de repos, il est urgent de le coller avec six blancs d'œufs. Quinze ou vingt jours après le collage, et surtout si le vent vient de l'est, on trouvera le vin brillant et prêt à être mis en bouteilles.

On recommande une grande propreté des bouteilles, et le choix de bons bouchons qui doivent entrer avec assez de force pour boucher hermétiquement les bouteilles ; il faudra placer celles-ci sur le flanc, dans un endroit frais et à l'abri de tout courant d'air. L'emploi du goudron est utile pour les vins que l'on veut gar-

der longtemps, afin d'éviter que les bouchons ne
soient rongés par les vers.

Les vins ne se développent parfaitement qu'après
un séjour de plusieurs mois dans la bouteille.

Vins en bouteilles, leur traitement. — Les vins
en bouteilles forment un dépôt plus ou moins considérable, selon qu'ils ont plus ou moins de vinosité. Ce dépôt ne nuit en rien à la qualité du vin,
pourvu qu'on prenne la précaution de déboucher la
bouteille avec un tire-bouchon à vis, en la laissant sur
le flanc dans la même position où elle se trouvait dans
le caveau et sans la secouer aucunement.

Le bouchon étant enlevé adroitement, on tient la
bouteille penchée sur le même flanc et placée contre
une lumière, pour la décanter dans une bouteille propre, jusqu'à ce qu'on s'aperçoive, que le dépôt qui forme
une tâche noire sur le flanc de la bouteille, arrive vers
le goulot.

Il vaut mieux alors arrêter le décantage, car le dépôt, mêlé avec le vin lui enlève son bouquet et lui
donne de la dureté.

On peut aussi décanter après avoir laissé la bouteille vingt-quatre heures debout, et la déboucher dans
cette position, ce qui est plus facile.

On ne saurait assez recommander le décantage avec
soin, car un vin fin de Bordeaux perd toute sa valeur
lorsqu'il est bu trouble, il ne vaut alors guère plus
qu'un vin ordinaire; tandis que, bien décanté, il développe le bouquet qui distingue nos vins fins et ce
moëlleux, ce velouté qui sont si recherchés par les
gourmets.

Il est essentiel de ne jamais laisser les bouteilles dé-

bouchées ; plus le vin est séveux, plus il est sujet à s'é-
venter.

Des vins, leur expédition. — Celui qui expédie des
vins doit s'assurer tout d'abord si ceux-ci sont limpides. Si la limpidité était douteuse il serait indispensable de les coller avant le départ.

Il faut n'employer que des fûts de bon goût et solidement reliés pour pouvoir faire sans accident le
voyage le plus long.

Il faut bonder exactement, et recouvrir les bondes et
les broches d'un cachet de cire, afin d'éviter les fuites
et tout prétexte aux employés des chemins de fer, et
aux camionneurs d'augmenter les avaries de route par
des soustractions.

Si l'on expédie des vins fins, il est prudent de mettre dans le fût un échantillon du vin expédié, en le
suspendant par une ficelle fixée par un cachet de cire
sous la bonde et en dehors, afin de permettre au des-
tinaire de s'assurer s'il n'y a pas eu de fraude en
route.

Si on expédie aux colonies, en Amérique ou dans
les pays très chauds, il faut mettre le fût qui contient
le vin dans un autre fût et le maintenir à une distance
de trois centimètres au moins de sa doublure, puis on
remplit le vide avec du sel gris.

Le sel a pour but de s'opposer au passage de la chaleur et de tenir le vin dans une température presque
régulière. L'air étant très chaud le jour et très humide
la nuit, le sel sert de compensateur et la température
du vin ne dépasse guère alors 18 à 20 degrés, même
sous l'équateur.

L'expédition des vins en bouteilles réclame de la part de l'expéditeur des soins spéciaux. Rien n'est indifférent dans ce genre d'envoi, et ici rien ne doit être laissé au hasard.

D'ordinaire, les caisses destinées à l'expédition des vins en bouteilles sont en bois blanc ; celui de sapin est même préféré. La caisse, dite d'échantillon, ne contient exactement que deux bouteilles ; viennent ensuite les caisses de 12, 24, 36, 50, 72 et 100 bouteilles. Les plus usuelles sont celles de douze bouteilles.

Ce type de caisse de 12 bouteilles, présente, suivant M. Boiréau, huit genres de conditionnement : les caisses brutes, faibles, à trois traits ; les mêmes avec les bouts blanchis ; les caisses ordinaires à deux traits bouvetées, c'est-à-dire à jointures à languettes et rainures ; les mêmes avec les bouts blanchis ; les mêmes avec les bouts en bois dur ; les mêmes avec les bouts en bois durs et blanchis ; caisses en sapin bouvetées et entièrement blanchies ; les mêmes avec les bouts en bois dur, bouvetées et blanchies entièrement. Ces dernières dit en terminant M. Boiréau, constituent le meilleur conditionnement.

La caisse, une fois disposée à recevoir les bouteilles, reste l'emballage.

On emballe les bouteilles au paillon, c'est-à-dire au moyen de cordons de paille avec lesquels on les entoure et ainsi entourées, on les range les unes à côté des autres, en les serrant le plus possible.

On emballe au paillon lié, mais ce genre d'emballage s'emploie principalement pour les liqueurs et surtout pour le marasquin.

Le vin de champagne s'emballe au moyen du tortillon à la champenoise ; c'est de la paille droite, non brisée, avec laquelle on entoure la bouteille depuis le goulot jusqu'au fond.

L'emballage à la pallette, qui consiste à ranger des bouteilles sur des lits de paille et à enfoncer entre chacune d'elle des brins de paille, au moyen d'une palette en bois, de manière à ne faire du tout qu'une seule masse, est un emballage qui nous a paru dangereux et que nous ne conseillons pas.

Aujourd'hui un emballage qui tend à prendre tous les jours une extension de plus en plus considérable, est l'enveloppe en paille ou en jonc, avec laquelle on coiffe les bouteilles. L'enveloppe capuchon est un emballage solide, propre, bon marché et économique.

Les caisses une fois pleines et tassées sont fermées. On cloue ensuite à chaque extrémité une liane ou feuillard de châtaignier, afin de maintenir invariablement les planches de la caisse.

On liane aussi avec des feuillards en tôle découpée, qu'on fixe avec des clous à tête plate et large, après toutefois avoir percé la tôle à des distances qui permettent aux deux extrémités de se rejoindre et de s'unir en exerçant sur la caisse un serrage énergique.

DES VINS, LEUR RÉCEPTION. — Le destinataire doit à l'arrivée de son vin, s'assurer s'il y a eu du coulage et dans ce cas ne signer le livre du camionneur qu'en stipulant qu'il prend livraison sous toutes réserves.

Il doit faire constater par des témoins patentés ou par le commissaire de police, la nature de l'avarie.

Il doit enfin informer immédiatement son expéditeur de ce qui s'est passé.

Le vin une fois arrivé doit être logé le plus vite possible, mais on ne doit le remplir et ne le coller qu'après quatre jours de repos au moins.

Mise des vins en bouteilles; des caractères qui
en déterminent l'époque. — Tous les vins ne sont
pas bons à mettre en bouteilles au même âge, dit
M. Lebœuf; les uns sont assez vieux à un an, d'autres
demandent trois, quatre, cinq ans de fût et même
davantage.

Quel que soit l'âge, il faut que le vin présente les
caractères suivants :

1° Qu'il soit parfaitement limpide et qu'il ait subi
au moins trois collages et quatre soutirages ;

2° Qu'il soit complètement dépouillé de sa couleur
violette et que celle-ci soit remplacée par une nuance
pourpre, c'est-à-dire rouge avec un reflet jaunâtre ;

3° Qu'il ait perdu toute son acidité, son goût de rafle
ou de nouveau ;

4° Qu'il ait gagné le bouquet qui lui est propre
quand il a vieilli, qu'il soit moëlleux ou qu'il ne fasse
plus éprouver aucune sensation de constriction à la
bouche lors de la dégustation ;

5° Qu'il n'ait aucun mauvais goût, ni aucune maladie, ni altération ;

6° Qu'il soit brillant, et qu'en échauffant le verre en
le tenant à la main, le bouquet augmente de finesse
et d'intensité, et que la sève soit plus pénétrante, plus
développée et plus durable ;

7° Enfin, qu'il ne rappelle en rien le vin nouveau,
ni comme goût, ni comme couleur, ni comme mode
d'action sur les organes de la dégustation. Le vin
mûr donne de la gaité; le vin nouveau alourdit et
donne de l'indigestion. Le premier protége l'estomac
en l'échauffant doucement, l'autre l'engourdit et
irrite tous les organes qu'il a touchés, donne des
aigreurs et fatigue le cerveau.

Vins faibles en alcool et le vinage. — Les vins faibles sont en danger de contracter des altérations pendant les chaleurs. Si l'on a de tels vins, il faut s'empresser de les viner, autrement ils perdent couleur et qualité, peuvent se gâter et devenir impropres à la consommation.

Il suffit d'ajouter un à deux litres d'alcool à 85 degrés, par pièce, soit environ un pour cent. Ainsi donc, le vinage est une opération qui consiste à augmenter artificiellement la proportion d'alcool qui existe naturellement dans le vin.

On pratique le vinage soit à la cuve, c'est-à-dire au moment où on fait le vin; soit au tonneau, c'est-à-dire quand il est déjà fait.

Le vinage à la cuve s'exécute en ajoutant à la vendange de l'alcool, du sucre ou du glucose (sucre de fécule de pomme de terre).

On ne doit viner à la cuve que douze heures avant le moment où l'on tire le vin.

Ici le sucre ou le glucose en fermentant avec les matières sucrées du raisin apporte le contingent d'alcool qu'on veut ajouter au vin.

Le vinage au tonneau se pratique quand le vin a déjà plusieurs mois de fabrication; on y ajoute alors la proportion d'alcool dont on veut l'enrichir.

On arrive aux mêmes résultats en recoupant les vins faibles avec des vins capiteux, les défauts opposés de ces vins se corrigeant en partie mutuellement, on obtient des mélanges meilleurs, que chacun des vins constituants considérés en particulier.

En dehors de son action directe, l'alcool désacidifie les vins trop acides, développe en eux un goût et un bouquet agréables, augmente la couleur et permet par là d'éviter les pratiques nuisibles qui tendent à lui en donner.

A quels vins doit-on appliquer le vinage?

D'abord, dit M. de Vergnette-Lamotte, aux vins du Midi qui, peu acides, peu alcooliques, peu riches en tannin et souvent chargés d'ailleurs de sucre non décomposé et de matière colorante, sont, par le fait de cet inégal équilibre de leurs principes constituants, dans un continuel état de mouvement fermentescible.

On vine encore les vins acides et faibles du Centre de la France lorsqu'ils ne donnent à l'essai alcoolique que 5 à 6 pour cent d'alcool.

Les vins du Midi qu'on aura vinés serviront encore au coupage des vins plats et peu colorés d'une partie de la France.

Le vinage à la cuve, ajoute M. de Vergnette-Lamotte, est celui qui réussit le mieux. On vine peu de temps avant le décuvage pendant que le vin conserve encore un reste de fermentation ; l'effet de cette fermentation sur l'alcool étant de lui enlever les goûts étrangers qu'il pourrait avoir.

Vin qui fermente. — Si l'accident est survenu à la suite d'un transport par un temps chaud, il faut arroser les futailles ou ce qui est mieux, les couvrir de paille. Si l'on entend le vin continuer à murmurer, il faut le mécher sur bonde, après en avoir tiré un ou deux litres. Enfin, si la guérison n'était pas complète on soutirerait dans des fûts fortement soufrés.

Si la cuvée tout entière donne des signes non équivoques de fermentation, il faut recourir à un traitement général, en brûlant dans le cellier du soufre, sur un réchaud rempli de charbon enflammé et si ce moyen est insuffisant, soutirer et soufrer comme nous venons de l'indiquer plus haut.

Si quelques pièces seulement sont malades ou exemptes, il faut les retirer et les mettre à part.

Mais dans tous les cas, la fermentation des vins blancs ou rouges peut être enrayée par les procédés suivants :

1° Recouvrir les futailles de paille mouillée, et ajouter au vin en cours de transport, la valeur de deux kilogrammes de glace par pièce.

2° Mécher le vin sur bonde.

3° Soutirer le vin dans des fûts fortement méchés.

4° Par hectolitre de vin, ajouter 500 grammes de farine de moutarde qu'on aura préalablement délayée dans deux litres de vin, puis deux jours après soutirer dans un fût fortement soufré.

5° Par hectolitre de vin, ajouter 100 grammes de *Conservateur* Martin-Pagis n° 2 et infailliblement on ralentira le mouvement de la fermentation, car le *Conservateur* n° 2 est un puissant modérateur de la fermentation alcoolique.

6° On peut également enrayer le travail de la fermentation par le chauffage. Il a été reconnu qu'on pouvait arrêter le travail fermentatif, en portant le vin à la température de 50 à 55 degrés au-dessus de zéro. Par le chauffage, non-seulement, on enraye la fermentation et les altérations, qui peuvent en résulter, mais encore on vieillit le vin et par suite, on lui donne une plus grande valeur.

7° Enfin le vinage a aussi une très grande influence sur la conservation des vins. Le vinage désacidifie donne du bouquet et du montant, donne de la cou leur, donne de plus au vin une grande solidité en arrêtant spontanément toutes les fermentations qui peuvent se produire. Sous l'influence du vinage, dit M. Thénard, les vins peuvent braver les plus longs voyages, sous les températures les plus extrêmes et résister à l'action délétère des caves les plus malsaines.

VIN PIQUÉ OU AIGRE. — ACIDIFICATION. — Lorsque l'acidité du vin n'est pas trop fortement prononcée, on peut faire disparaître le mal en saturant de certaines substances, l'acide acétique qui s'est formé au dépens de son alcool. A cet effet, on fait fondre 30 grammes de tartrate neutre de potasse dans une petite quantité d'eau chaude que l'on verse dans un hectolitre de vin après refroidissement, en ayant la précaution de bien agiter afin que le mélange soit intime et que le tartrate puisse attaquer partout l'acide acétique et s'en emparer pour le neutraliser. Il pourrait se faire que cette dose de 30 grammes ne fût pas suffisante, on l'augmenterait alors dans la proportion nécessaire, sans arriver cependant à une saturation complète. Le tartrate neutre de potasse est un sel soluble qui, dans le vin piqué, se transforme en acétate et en bitartrate de potasse ; ce dernier sel se dépose sur les parois intérieures du tonneau et n'introduit par conséquent dans le vin aucun élément étranger à sa constitution. Aussitôt que le vin a perdu le goût de piqué, on le soutire dans un fût propre qui a été méché, c'est-à-dire dans lequel on a fait brûler une mèche soufrée et on y ajoute un ou deux pour cent d'alcool, afin de remonter le vin et de réparer les pertes alcooliques qu'il a subies. Ce vin peut être mis en consommation sans inconvénient.

Autre procédé. — Quand une pièce de vin com-

mencera à piquer, il faudra arrêter la dégénérescence, en soutirant le vin dans un fût méché ou
en le méchant sur bonde. On le jettera ensuite sur de
bonnes lies ; puis après l'avoir collé, on le coupera
avec un vin jeune et corsé. Ce traitement fait avec
soin guérira complètement le vin compromis.

Autre procédé. — L'acidification est cette maladie
du vin qui a pour résultat la transformation de l'alcool
en vinaigre.

Il n'est pas de maladie sur le compte de laquelle
on ait débité autant d'erreurs que sur l'aigre, parce-
qu'on ignorait la véritable cause à laquelle elle est due.

Le meilleur moyen de remédier à l'aigre, quand
cet accident vient à se produire, consiste à introduire
dans le vin un peu de cendres de bois, dont la potasse sature l'acide formé, et donne en même temps au
liquide une réaction alcaline peu convenable au développement du ferment du vinaigre.

Comme ce ferment a besoin de trouver de l'oxygène
pour brûler l'alcool du vin, un procédé qui doit être
employé toutes les fois que l'on soufre des vins qui
ont une tendance à l'acide, c'est de brûler une mèche
soufrée dans les tonneaux où l'on veut transvaser le
vin. Le soufre en s'emparant de l'oxygène de l'air,
produit de l'acide sulfureux, lequel empêche la fermentation acide de se produire.

Autre procédé. — Si l'altération n'a pas encore
atteint l'état d'acidité qui ne laisserait d'autre alter-
native que celle de transformer le vin en vinaigre, il
faut le traiter par le carbonate de chaux. La proportion de 200 grammes de poudre de marbre blanc par
barrique donne généralement de bons résultats.

A cet effet, préparez un fût bien propre, brûlez-y

4 ou 5 centimètres de mèche ; transvasez au tuyau et non autrement, pour éviter qu'un nouveau contact de l'air augmente l'état aigre du vin. Ajoutez le carbonate de chaux ; fouettez pendant plusieurs jours, et lorsque l'acidité aura disparue, collez et soutirez par un temps sec.

Autre procédé. — Transvasez le vin dans un fût mêché au soufre, ajoutez-y un litre de lait par pièce de vin, agitez et après repos, soutirez. On prétend que la caséine du lait s'unit à l'acide acétique et se précipite avec lui sous forme de dépôt. L'acide, une fois neutralisé, on doit remonter le vin par une addition d'alcool, ou par un mélange de bon vin généreux. Après l'emploi de l'un ou l'autre de ces traitements, une addition de 20 grammes de *Conservateur de Martin-Pagis*, par hectolitre donnera toute sécurité pour la tenue du vin.

Vin qui ne se dépouille pas. — Quelques vins des Charentes, de Saintonge et autres contrées vinicoles, surtout dans les années humides et douces se dépouillent très-difficilement. En général cela dépend de la pauvreté du vin en tannin.

Nous conseillons, dans ce cas, de dissoudre 30 grammes de tannin dans un litre d'alcool pur de goût pour chaque hectolitre de vin à traiter. On colle ensuite. Huit jours après on colle de nouveau, en ajoutant par barrique une bonne poignée de sel marin.

Après un traitement semblable, les vins se dépouillent promptement.

Vin en pousse. — La pousse est cette maladie si funeste aux vins et particulièrement aux vins de mauvaises années, qui n'ayant pas été soutirés, sont encore sur leur lie. Cette altération est produite par le ment alcoolique tombé dans la lie et qui dans une foule de circonstances, par exemple dans les temps chauds et orageux, à l'époque de la pousse de la vigne, à celle de la floraison, font sortir le vin de l'engourdissement dans lequel il était plongé, pour faire remonter la lie dans le liquide qu'elle met de nouveau en fermentation et qu'elle altère en troublant sa limpidité.

On peut prévenir les effets de cette fermentation tardive, en soutirant le liquide dans lequel elle tend à se produire, et en le transvasant dans des tonneaux parfaitement propres.

Un excellent moyen de guérison consiste aussi à repasser le vin sur le marc, afin que les rafles et les pellicules puissent lui abandonner la quantité de tannin nécessaire pour s'opposer aux effets du ferment. Ce moyen qui quelquefois est impraticable, peut être remplacé avec succès par l'addition d'une certaine quantité de tannin, qui suffit dans la plupart des cas à rendre au vin ses qualités premières.

Autre procédé. — On peut, assure-t-on, éviter la pousse en transvasant le liquide dans des fûts méchés, en y ajoutant un peu d'alcool et en collant ensuite à la colle de poisson.

Procédé Herpin. — Le vin poussé, dit M. Herpin, est trouble ; sa couleur participe à la fois du jaune brun, du rouge et du noir, il a toujours une saveur désagréable, plate, fade, amère et calcinée ; quelquefois styptique et tirant sur le pourri ; si on débouche le vase qui contient le vin poussé, il s'en échappe du gaz avec bruit et sifflement et la liqueur paraît éprouver un mouvement de fermentation. Lorsque l'altération est avancée on trouve dans les bouteilles un dépôt noirâtre ou bleuâtre et comme pulvérulent. Dans les tonneaux, une grande partie de la lie se trouve mêlée avec le vin. La pousse n'attaque généralement que les vins rouges. C'est le plus souvent dans la seconde année que les vins tournent à la pousse.

Lorsque vous avez du vin dans ces conditions, prenez, dit M. Herpin, pour un hectolitre de vin poussé : Acide sulfurique à 66 degrés 8 à 16 grammes, acide tartrique en poudre 30 à 45 grammes, racine d'angélique en petits morceaux 4 grammes, iris de Florence 4 grammes, benjoin 2 grammes. Mettez les aromates dans un petit sac de toile fine, versez d'abord l'acide sulfurique dans le tonneau et remuez fortement ; ajoutez-y ensuite l'acide tartrique et mêlez encore. Introduisez enfin par la bonde le petit sac contenant les aromates en le suspendant au moyen d'une ficelle que vous attacherez en dehors, afin de pouvoir le retirer lorsque le vin aura pris suffisamment le parfum ; fermez légèrement la barrique avec la bonde ; laissez le vin en cet état pendant trois semaines, un mois : le vin aura repris sa couleur, sa limpidité et sa qualité primitive ; alors vous pourrez, si vous le jugez à propos, le soutirer et le clarifier. Si le vin n'était pas encore limpide, attendez pendant quelques jours, après quoi vous le collerez et le soutirerez. Dans le cas où le vin serait très fortement altéré, il faut augmenter la dose d'acide sulfurique de manière cependant à ne pas excéder 30 grammes par hectolitre. Il faut toujours cesser de verser l'acide, dès que l'effervescence occasionnée par cette addition commence à diminuer.

Si, au contraire, le vin n'avait qu'un commencement d'altération, on pourrait le rétablir en y mettant seulement 30 grammes d'acide tartrique en poudre par hectolitre. Si on a de bonne lie fraîche d'un vin généreux et fin, il serait très avantageux de la mettre dans le tonneau contenant le vin poussé. Le tonneau où l'on fait l'opération ne doit pas être rempli à plus des trois-quarts et on pratique à côté de la bonde un trou de foret qu'on bouche au fausset et qu'on ouvre de temps en temps, mais le moins possible.

Si le vin poussé est en bouteilles, il faut le transvaser dans un tonneau.

En réduisant au quart la dose des substances prescrites, on guérit facilement les vins qui n'ont contracté que le goût d'amertume ou d'absinthe ou même ceux qui commencent à devenir gras.

En général, il ne faut pas tarder de consommer les vins rétablis par ce moyen.

VIN AYANT LE GOÛT D'ŒUFS POURRIS. — On ne saurait apporter un trop grand soin dans le choix des œufs pour coller les vins, sinon on s'expose à gâter le vin, ou, au moins, à lui faire contracter une saveur très désagréable et en même temps très difficile à faire disparaître.

On a préconisé beaucoup de moyens pour enlever le goût d'œufs pourris. Nous n'en connaissons aucun qui ait donné des résultats bien concluants. Toutefois si le mauvais goût a une origine récente, on peut en atténuer le fâcheux effet, si on ne le guérit pas, en soutirant le vin malade dans un fût frais de bon vin et fortement méché, puis en collant énergiquement.

Un moyen, dont quelques négociants prétendent se bien trouver, consiste à introduire dans le vin avarié du jus de raisin frais ou à son défaut des raisins secs, du sirop de raisin, même du sucre, de la cassonade ou enfin le passage du vin sur des rafles fraîches. Il s'établit alors une fermentation, qui laisse, dit-on, évaporer par la bonde ouverte l'acide carbonique saturé du mauvais goût.

Jullien indique, comme lui ayant été recommandés, les moyens suivants : faire griller une carotte ou torréfier du froment qu'on enveloppe chaud dans un sachet; on suspend la carotte ou le sachet en les attachant à la bonde fermée, on laisse ainsi six heures, après quoi on soutire dans un fût frais et méché, puis on colle.

Il faut surtout se garder de chercher la guérison dans le mélange avec d'autres vins, car il est presque certain que ce serait augmenter la quantité de vin gâté.

Vɪɴ ᴀʙsɪɴᴛʜé. — Quand le vin s'absinthe, il éprouve une fermentation particulière, qui détruit son acide tartrique en décomposant les tartrates de potasse et de chaux que le vin contient naturellement.

Privé de son acide tartrique, le vin perd sa couleur et devient noirâtre. Il contracte un goût fort piquant comme s'il était mêlé avec de l'eau de seltz.

Cet accident atteint très souvent les vins peu riches en alcool, ceux qui sont logés dans des fûts malpropres ou qui, n'ayant pas été soutirés, reposent sur la lie, ceux enfin que l'on conserve dans des caves à température variable.

Cet accident est plus facile à prévenir qu'à guérir.

On peut l'éviter en fortifiant les vins sujets à s'absinther par l'addition de 2 ou 3 litres d'alcool par hectolitre de vin, ou en les remontant par un mélange d'un décalitre de vin fort et généreux du Midi, par les soutirages et par le collage.

Mais lorsque le mal est accompli, on peut améliorer le vin et lui rendre ses propriétés au moyen du procédé suivant :

1º Soutirer d'abord le vin dans un fût bien propre et préalablement méché ;

2º Dans un litre de vin bien franc, faire dissoudre 60 grammes d'acide tartrique par hectolitre de vin malade et le jeter dans le tonneau.

3º Ajouter ensuite deux litres d'alcool de betterave ou du Midi, n'importe, pourvu qu'il soit franc de goût et d'odeur.

Mêler le tout ensemble, bien agiter et laisser reposer.

Au bout de quatre ou cinq jours il faut coller légèrement et le vin alors reprendra un état satisfaisant, qui permettra de le boire.

Vin ayant un goût d'évent. — L'évent est une maladie qui provient de l'affaiblissement du vin, par suite du dégagement d'une partie de l'alcool qu'il contient. Lorsque cet effet s'est produit, alors se développe un ferment que l'on nomme la fleur du vin, lequel agit en décomposant les matières azotées contenues dans le vin et donne ainsi naissance à des vapeurs ammoniacales, qui communiquent au liquide une saveur nauséabonde que l'on désigne parfois sous le nom de goût de pourri.

Lorsque le goût d'évent est récent et eu marqué, il suffit de soutirer dans un tonneau frais, vide d'un bon et jeune vin, après un méchage préalable du fût.

Si, au contraire, le mauvais goût est très intense, il faut couper le vin éventé, avec un tiers ou moitié de vin fort et alcoolisé, ou bien encore ajouter un ou deux litres d'alcool ou 3/6 par hectolitre, et tenir la bonde bien hermétiquement fermée. De plus il ne faut pas négliger de coller après cette opération et de soutirer au bout de quinze à vingt jours suivant la température.

Autre procédé. — Le moyen de remédier au goût d'évent, qui ne se manifeste généralement que dans les tonneaux qui sont en vidange, et lorsque le liquide est dans le voisinage de la lie, consiste à déposer dans l'intérieur de ces tonneaux, une certaine quantité de charbon de bois, lequel, en absorbant les vapeurs ammoniacales débarrasse le vin de sa saveur désagréable.

Les vins amers. — L'amertume du vin n'est pas une maladie organique. Suivant les uns, elle est produite par l'action du ferment alcoolique contenu dans la lie et dont l'action n'a pas été suffisamment neutralisée par l'alcool et le tannin contenus dans le vin. Dans ce cas l'amertume serait le résultat d'une fermentation peu sensible, décomposant à la longue les matières sucrées contenues dans le vin et les transformant en une substance particulière d'une amertume très prononcée.

Suivant les autres, l'amertume est une altération due à la pullulation exagérée d'une espèce de cryptogame mycodermique.

On combat ce genre de maladie, dit Chaptal, en roulant le vin sur une première lie, ou en y ajoutant à propos une dissolution de sucre, ou mieux encore une pinte de *vin muet* par pièce de vin. (Voir page 35).

Autre procédé. — Lorsque les vins sont trop vieux, dit Batillat, ils prennent un goût particulier et désagréable, mêlé d'amertume ; on dit alors qu'ils passent ou vieillardent. Cette dégénération semble avoir beaucoup d'analogie avec l'amer.

Les vins ainsi dégénérés manquent de tartre et d'acide ; on y ajoute alors 1 à 2 grammes d'acide tartrique par litre, 100 à 200 grammes par hectolitre — et après quelques jours, on y ajoute 5 à 15 décigrammes. — 50 à 150 grammes par hectolitre — de bi-carbonate de potasse.

Autre procédé. — Pour faire disparaître, dit M. Maumené, l'amertume des vins, il faut ajouter au liquide une petite quantité de chaux, par exemple 25 à 50 centigrammes par litre — 25 à 50 grammes par hectolitre. La chaux doit être bien récente ; on la fait éteindre dans un peu d'eau et on la verse dans le tonneau ; on remue bien, et après un repos de deux ou trois jours on soutire et on colle. Le vin doit rester acide après le traitement.

Autre procédé. — On guérit l'amertume en ajoutant au vin 10 à 15 grammes de tannin dissous dans de l'alcool bon goût, et 120 à 130 grammes d'acide tartrique, puis on fait ensuite passer le vin sur de bonnes lies fraîches. Faute de lie, on fait un coupage avec un vin plus jeune mais de même qualité, enfin on soutire dans des fûts méchés, et le vin n'a plus alors aucun mauvais goût.

Autre procédé. — M. de Vergnette-Lamotte préconise le méchage après chaque soutirage et la fermeture hermétique des caves, mais en résumé il conclut au traitement des vins amers par le chauffage.

Autre procédé. — On se procure de la bonne lie fraîche de vin blanc ou rouge qui n'a pas été collé.

A défaut de lies fraîches de vins non collés, on pourra se servir de lies de vins collés, quoique celles-ci contiennent beaucoup plus de ferment à l'état d'inertie.

Pour 220 litres de vin amer, on prend deux litres de bonne lie qu'on met dans un vase de faïence ou de bois bien propre ; on y ajoute deux kilogrammes de beau sucre blanc en poudre ; on incorpore le sucre avec la lie et l'on verse par dessus deux litres de vin dont on a élevé la température à 35 ou 40 degrés centigrades, sans dépasser cette limite. On couvre le vase et on l'entoure d'une toile quelconque afin d'éviter son refroidissement ; on le laisse en repos pendant une heure environ. A l'aide de cette douce température le ferment que contient la lie reprend de l'activité et commence à agir sur le sucre pour déterminer un commencement de fermentation alcoolique.

Le vin ayant été soutiré et logé dans un fût en bon état de propreté, mais non méché, reçoit alors le ferment de lie et de sucre. On roule le tonneau afin de bien incorporer le mélange. On bonde la pièce en ayant soin toutefois de laisser un trou de fausset, pour permettre le dégagement ultérieur du gaz. On abandonne le vin en cet état dans un lieu tempéré.

La lie provoquée par le sucre, détermine une espèce de fermentation particulière, qui permet aux mycodermes de bonne nature de dominer dans le vin et de neutraliser le mycoderme de l'amertume.

Au bout de quinze jours, quelquefois d'un mois, toutes les réactions ont cessé ; le vin est redevenu clair et se trouve entièrement débarrassé de toute amertume.

Seulement il serait dangereux de laisser le vin sur

ce dépôt de lie, il faut le soutirer de nouveau et le coller légèrement dans le nouveau fût où il devra être logé.

Mais avant de le remettre en fût, il est nécessaire de le fortifier au moyen de la liqueur suivante :

Pour un fût de 220 litres, on prend : Alcool de vin ou du Nord bon goût et neutre, à 90 degrés, 2 litres, glycérine pure 100 grammes, tannin de noix de galle 10 grammes.

On dissout la glycérine et le tannin dans l'alcool et l'on ajoute deux litres de vin, qu'on incorpore bien en agitant le tout.

Cette liqueur fortifiante doit être versée dans le tonneau avant d'y introduire le vin. On ajoute le vin par-dessus, et on colle avec une colle légère.

Dès que la colle est précipitée le vin a repris sa limpidité, du ton et du moëlleux. On n'aperçoit plus aucune trace de la maladie.

Cette liqueur fortifiante convient également pour les vins que les fréquents soutirages et les collages énergiques ont un peu affaiblis.

VIN A GOUT D'ALCOOL DE MÉLASSE. — Pour enlever le goût particulier qu'un fût à alcool de mélasse, a communiqué au vin, il suffit d'y ajouter un kilogramme de poudre de charbon végétal.

On prépare cette poudre avec de la braise de boulanger bien brûlée, nettoyée et exempte de cendres. On la pile dans un mortier et on la blute dans un tamis fin de soie. Il faut qu'elle soit extrêmement fine.

On mélange cette poudre avec du vin de manière à en faire une bouillie claire et dans cet état on la verse dans le fût de vin avec la précaution de rouler le fût pour que la division de la poudre soit entière dans le liquide.

Au bout de quelques jours, le noir végétal s'est déposé au fond du fût emportant un peu de couleur et le mauvais goût du vin.

Il faut ensuite soutirer ce vin et lui rendre par un avinage modéré, la force que le traitement lui aura fait perdre.

Vin platré ayant le gout de platre. — L'emploi du plâtre dans le vin a donné lieu à de nombreux procès, qui tous ont abouti à des acquittements. En faisant abus du plâtrage, on peut déterminer dans le vin la présence de sels d'alun, qui pourraient à la longue devenir nuisibles. Mais si on se borne à jeter le plâtre sur la vendange, et en quantité modérée, on donne au vin de l'astringence, ce que réclame les produits du Midi pour une bonne conservation et du brillant, deux qualités qui aident à la vente.

Mais si au lieu d'ajouter le plâtre à la vendange avant la fermentation, on l'ajoute après, ou au moins quand celle-ci est très-avancée, l'action du ferment ne permet plus au liquide de s'assimiler les propriétés qu'il doit emprunter au gypse. Le vin garde alors un goût de poussière particulier au plâtre. Nous conseillons pour guérir le vin ainsi infecté, de le coller énergiquement et de le couper ensuite.

Vin chargé de fleurs. — L'apparition des fleurs sur du vin n'est pas toujours un symptôme d'acescence complète. Il est possible, probable même que la première couche du liquide est, dans ce cas, seule acidifiée ; mais en soutirant on courrait risque de mêler aux parties saines la partie gâtée et on compromettrait le tout.

Voici donc comment il faut opérer :

On introduit dans le vin portant fleur, un tube en fer blanc qu'on maintient enfoncé à dix centimètres, tout au plus, dans le liquide et dont on ferme avec le pouce l'orifice supérieur. On introduit ensuite dans cette extrêmité du tube un entonnoir dans lequel on verse du vin au moins de même qualité. Ce vin passant ainsi dans les couches secondaires du fût, fait monter, proportionnellement à l'introduction, la couche qui porte la fleur qui bientôt s'échappe par la bonde avec la partie du vin altérée. Si par suite un léger goût restait attaché au bois du fût, un mélange ou mieux encore un soutirage en aurait facilement raison.

VIN ROUGE A DÉCOLORER. — Le noir animal est un puissant agent de décoloration. On peut accroître l'énergie du noir animal en lui faisant subir un lavage préalable, indispensable lorsqu'il s'agit de décolorer du vin.

Ce lavage a pour but d'augmenter le pouvoir décolorant du noir et surtout de le débarrasser des sels calcaires dont la présence n'est pas favorable au vin.

Voici comment on opère le lavage du noir : dans un vase en bois ou en terre non vernissé, on verse d'abord une certaine quantité d'eau froide dans laquelle on ajoute un vingtième de son poids d'acide chlorhydrique. On remue pour faciliter la diffusion et le mélange de l'acide. Cette eau qui contient 5 pour cent d'acide, sert à laver le noir animal. A cet effet, on mouille largement le noir, on l'agite et on le couvre d'eau acidulée. L'acide chlorhydrique dissout les parties calcaires qui enveloppent le noir et les emporte dans le lavage ultérieur.

Pour débarrasser le noir de l'acide et des sels qu'il a dissous, on le lave avec de l'eau chaude pure, et ensuite une ou deux fois avec de l'eau froide jusqu'à ce que l'eau de lavage n'accuse aucune trace d'acidité. On laisse égoutter et sécher le noir pour s'en servir au besoin.

Le noir ainsi lavé doit être employé à dose d'autant plus forte, que le vin à décolorer possède une teinte plus foncée. Il ne suffit pas de jeter une petite quantité de noir dans le vin pour lui enlever sa couleur, il faut opérer par filtration.

Un filtre doit contenir une couche de noir de 1 à 2 mètres de hauteur. Pour monter le filtre, on établit à sa partie inférieure une toile plucheuse de coton mouillée ; par-dessus on verse du noir animal légèrement humecté, avec le soin de le tasser régulièrement pour le comprimer de manière que les assises successives ne forment qu'un seul bloc de noir, sans aucun espace vide, ni interstices libres. Au sommet du filtre on place un diaphragme percé de trous, et l'on y fait arriver le vin à décolorer par un jet continu et modéré.

En traversant lentement la couche de noir, le vin y abandonne sa couleur et sort, à l'extrémité inférieure du filtre, parfaitement décoloré.

On peut décolorer le vin au sortir du pressoir ; mais si le jus n'avait pas encore fermenté, le passage sur le noir lui enlèverait certains principes dont l'absence retarderait la fermentation.

La filtration sur le noir animal ou végétal affaiblit le vin en le dépouillant des matières sapides. On devra ne recourir à ce moyen que lorsqu'on ne pourra pas faire autrement. Le vin ainsi filtré a besoin d'être remonté avec de l'alcool ou avec du vin de même nature, riche en qualité.

Vin blanc a dérougir. — Si le vin blanc provenant de raisins rouges mis au pressoir, n'est pas très-fortement coloré, on réussit quelquefois à le blanchir en le collant avec un litre de lait bouillant par pièce de vin.

Mais, lorsque le vin a réellement la teinte rouge, on ne peut le dérougir avec du lait. Un collage avec addition d'alumine en gélée donne de bons résultats. Mais le moyen le plus efficace est incontestablement l'emploi du charbon végétal, en poudre impalpable et convenablement préparé avec de la braise de bois blanc, bien brûlée. Le noir animal ne convient pas dans le cas qui nous préoccupe ici.

Vin azuré. — Les vins peuvent prendre une couleur noirâtre et tourner à l'azur ; dans ce cas, ils entrent subitement dans un état de fermentation putride par laquelle une partie du bitartrate de potasse se transforme en carbonate, et c'est la réaction alcaline de ce dernier sel qui altère la couleur du vin. On parvient à détruire cet effet en ajoutant au vin une quantité d'acide tartrique suffisante pour rétablir l'acidité et la couleur normale.

Autre procédé. —Lorsque les vins violacés ont beaucoup de couleur et un titre alcoolique au-dessus de 9 pour cent, on peut facilement faire virer cette couleur au rouge en les mélangeant avec un sixième à un quart de vin vert — vin qui contient comme on sait un excès d'acide tartrique — ; on les tannifie ensuite avec 20 grammes de tannin ou l'équivalent en vin tannifié, afin que leur couleur se maintienne et que leur clarification puisse s'opérer plus tard d'une manière convenable. A défaut de vin vert, on peut employer de l'acide tartrique cristallisé.

Vin astringent. — Les vins sont quelquefois astringents, surtout dans les années où les raisins ont coulé ou quand ils sont renfermés longtemps dans des celliers avec la totalité de leurs grappes. On peut facilement corriger ce défaut en les collant plusieurs fois avec de la gélatine qui, comme on le sait, élimine en partie le tannin, principe astringent, en formant avec lui un précipité insoluble.

Du reste l'apreté d'un vin astringent s'efface avec le temps, parce qu'à la longue le tannin se transforme en acide gallique.

Vin ayant un goût de terroir très-prononcé. — Le goût de terroir est parfois si prononcé qu'il devient désagréable, ce qui n'empêche nullement le vin d'être corsé et irréprochable sous le rapport de la limpidité et de la couleur.

Nous avons essayé de deux traitements : le premier au moyen d'un tartrate neutre de potasse, le second par le filtrage sur le charbon végétal.

Le premier traitement a enlevé le mauvais goût, mais a affaibli le vin ; peut être avions-nous employé une dose trop forte.

Le second a également réussi sans affaiblir le vin, ni lui enlever sa couleur.

Nous avons ensuite obtenu des deux portions de l'échantillon qui nous a été soumis un vin excellent en y ajoutant, soit de la *fleur de Bordeaux*, soit de la *fleur de Bourgogne*, en étendant ces deux bouquets

en triple proportion avec de l'alcool de vin bon goût.
(Voir les mots *Fleurs*, à la table).

Autre procédé. — On parvient également à diminuer le goût de terroir par des soutirages et des collages réitérés, ceux-ci précipitant les matières insolubles et une partie de la matière colorante, qui sont particulièrement imprégnées de goût de terroir. Il en résulte une diminution très-sensible de ce goût. Lorsque celui-ci n'est pas bien prononcé, il s'efface peu à peu à chaque soutirage. Si ce goût était excessivement accentué, il serait dû à une sève anormale et on devra alors fouetter le vin avec un demi litre d'huile d'olive. Après avoir agité fortement, on remplira la barrique pour en extraire l'huile, qui par son contact avec le vin, se sera assimilé une partie de l'huile essentielle, cause du mauvais goût. On collera ensuite.

Vin vieilli ayant perdu son arome. — Pour traiter des vins qui se trouvent en cet état, si l'on peut se procurer des lies fraîches, provenant de produits de même qualité, on parviendra à rajeunir et à remonter les vins dégénérés en les passant sur ces lies. A défaut de lies, il faudra brûler dans les fûts avant le soutirage, de l'alcool de vin bon goût et on alcoolisera ensuite chaque hectolitre d'environ un litre de trois-six.

Pour restituer l'arôme, il faudra recourir à la *Fleur de Bordeaux ou de Bourgogne*, deux excellents bouquets qui parfument instantanément les vins qui ont perdu leur arôme et qui en donnent aux produits de coupages ou mélanges qui en sont dépourvus. (Voir les mots *Fleurs* à la table).

Vin gelé. — Si un vin a de la qualité, la gelée lui en donnera encore, puisque le soutirage n'entraînera que la partie véritablement liquoreuse. C'est ce qui **a** décidé des œnologistes distingués à recommander la congélation des vins comme une excellente pratique. Quoi qu'il en soit, le dégel rend les vins, et surtout les vins ordinaires, louches, plats et sans bouquet. Il faut alors les coller, les soutirer et les viner ou les couper avec des vins corsés.

Voici dans ce dernier cas comment il faut procéder :

On soutire le vin gelé dans des tonneaux méchés, dans lesquels on verse, avant d'y entonner le vin, un demi-litre d'alcool à 85 ou 90 degrés par hectolitre de vin contenu.

On peut coller en soutirant, mais il vaut mieux attendre quelques jours, pour laisser reposer le vin. De toute manière, le collage doit être énergiquement appliqué.

Nul doute qu'avec ces précautions, on ne parvienne à sauver la majeure partie des vins qui, dans certaines années, comme en 1868 par exemple, gelèrent presque tous.

Vin trouble a la suite de coupage. — Il arrive souvent que lors d'un coupage, qui n'a pas été fait avec tout le discernement voulu, les vins éprouvent de la difficulté à se fondre ensemble, pour former une boisson homogène et droite, ce qui occasionne une perturbation donnant au liquide un aspect louche et trouble. Il faut, dans ce cas, administrer à ce vin une forte colle. Le temps suffirait peut-être bien pour l'éclaircir, mais comme on ne peut pas toujours attendre, nous croyons devoir recommander le collage.

Vin tourné, moyen de le rétablir. — Il ne

faut pas confondre le vin tourné avec l'acétification.

Pour ne pas se tromper sur la nature de l'altération d'un vin malade, on en mettra dans un verre conique, dit à vin de Champagne, et on y fera dissoudre une forte pincée d'acide tartrique.

Si le vin est tourné, autrement dit affecté du *poux*, il prendra une teinte rouge et il s'y déposera quelque temps après de petits cristaux de crême de tartre. Cela n'aura pas lieu si le vin est sous l'influence de l'acétification. Dans ce dernier cas, il reste limpide, sa saveur est fraîche et aigre.

Dans un fût, le vin commence à tourner par le bas, tandis que l'acétification commence par le haut, on pourrait donc à la rigueur séparer dans les deux cas, en prenant le vin au début de l'altération, celui avarié de celui qui ne l'est pas encore.

Lorsqu'un vin tourne, il prend une couleur terne et une saveur particulière que l'on appelle plate; dans la seconde période la couleur devient brunâtre, le liquide se trouble davantage et il y a dégagement de gaz. Sa saveur et son odeur sont celles d'un vin resté longtemps exposé à l'air, mais avec un arrière-goût d'eau croupie. Enfin, dans la dernière, lorsque la décomposition est arrivée à son maximum, le vin est trouble comme une eau boueuse, de couleur grise, d'une odeur et d'une saveur de matières organiques en décomposition et n'ayant plus aucun des caractères du vin. Il est alors plus acide que lorsqu'il n'a éprouvé aucune altération, mais cette acidité n'est pas celle du vinaigre.

On a cherché pendant longtemps à rétablir les vins tournés : On y mettait de la lie fraîche de bon vin, on les soufrait fortement et le plus souvent on parvenait à peine à arrêter les progrès de la décomposition. Dans quelques localités, on y ajoutait de l'alun, qui rendait au vin sa limpidité ; mais on l'employait à des doses assez élevées pour nuire à la santé. On ne devrait faire usage de cet agent que pour les vins destinés à la distillation, et dans le cas où l'on serait obligé de retarder cette opération, car les vins dont la détérioration n'est pas avancée, donnent de l'alcool passable.

Comme on s'était aperçu que les acides rendaient au vin tourné sa limpidité, on fit usage d'acide sulfurique; il en résultait du sulfate de potasse, sel soluble et purgatif.

Voici aujourd'hui le procédé le plus généralement en usage et celui qu'on recommande particulièrement lorsqu'on est à même de traiter des vins tournés :

Dès qu'on s'apercevra qu'un vin commence à tourner, on s'empressera d'en arrêter les progrès, en y ajoutant de l'acide tartrique, qui décomposera le malate de potasse et donnera lieu à la formation du bitartrate de potasse, ce dernier se précipitera en grande partie et l'équilibre se rétablira autant que possible.

La quantité d'acide à employer est nécessairement proportionnée au degré d'altération et ne peut être déterminée d'avance. On commencera par en faire dissoudre 40 ou 50 grammes par hectolitre. Si quelques jours après la couleur n'est pas revenue à son état naturel, on en fera une nouvelle addition et ainsi de suite jusqu'à ce quelle soit rétablie.

Il y a plusieurs années, un chimiste qui croyait avoir du carbonate de potasse à décomposer, prescrivit depuis 16 jusqu'à 30 grammes de cet acide par hectolitre, dose à peine suffisante au commencement de la première période, puisqu'il en faut quelquefois jusqu'à six hectogrammes.

On parviendra, par ce moyen, à régénérer un vin, si on opère dès le début. Plus tard, on pourra faire disparaître une grande partie du mal ; mais cette boisson aura toujours un arrière goût, bien reconnaissable pour les personnes habituées à l'usage des bons vins.

Nous avons dit que par ce traitement la couleur était rétablie, mais la limpidité n'est pas parfaite. Pour restaurer complétement un vin tourné, on devra y ajouter une certaine quantité d'autre vin de bonne qualité et donner un léger collage.

Vin inerte. — Nous parlons ici des vins inertes dans le cas de fabrication de vins mousseux. Parfois il arrive, en effet, que les vins destinés à la mousse n'éprouvent aucune fermentation latente, et dans ce cas, ils ne peuvent se prêter au travail nécessaire à leur transformation. On parvient à déterminer un mouvement de fermentation dans ces sortes de vins, en élevant la température du lieu où ils sont placés, ou bien en les transportant dans un cellier exposé au Midi.

Vin muet. — On nomme vin muet celui dont on a arrêté ou suspendu la fermentation, en l'imprégnant d'acide sulfureux.

Voici comment il faut procéder pour avoir du vin muet :

On presse et on foule la vendange et on la coule de suite, sans lui donner le temps de fermenter ; on met le moût dans des tonneaux qu'on remplit au quart ; on brûle plusieurs mèches dessus, on met la bonde et on

agite fortement le tonneau, jusqu'à ce qu'il ne s'é-
chappe plus de gaz par la bonde lorsqu'on l'ouvre. On
verse alors une nouvelle quantité de moût et on brûle
dessus de nouvelles mèches, puis on agite le fût avec
les mêmes précautions. Enfin, on réitère cette manœuvre jusqu'à ce que le fût soit plein.

Le vin muet est destiné à être mêlé avec d'autres
vins, on en met deux ou trois bouteilles par tonneau,
ce mélange équivaut au soufrage.

Autre procédé : On fait brûler dans une barrique
vide deux mèches soufrées plus ou moins, selon
l'épaisseur de la couche de soufre, mais toujours
jusqu'à ce qu'elles s'éteignent d'elles mêmes faute
d'oxygène, celui-ci étant complétement absorbé par la
production de l'acide sulfureux. On verse alors rapidement du moût dans la barrique jusqu'à moitié de
sa contenance, on la bonde le plus solidement possible et on la roule et agite dans tous les sens, afin
que le gaz acide sulfureux soit bien absorbé par le
moût. On transvase ensuite ce moût, en le garantis-
sant du contact de l'air, dans une autre barrique
soufrée aussi de la même manière et que l'on bonde,
roule et agite comme la première. Pendant ce temps
on fait brûler d'autre soufre, dans la barrique que l'on
vient de vider, jusqu'à ce que la mèche s'éteigne
d'elle-même ; et on y remet encore le moût, on agite
et on le transvase de nouveau dans un autre fût
soufré que l'on bonde et agite à son tour. Ce moût se
trouve ainsi muté quatre fois. On achève de remplir
la barrique avec d'autres moûts, traités de la même
manière et on bonde solidement.

Il faut surtout observer que les transvasements
aient lieu à l'abri du contact de l'air.

Le mutage rend d'abord le vin trouble, on aide la clarification par des soins et le collage.

Les vins muets, dit M. Boireau, doivent être logés dans des barriques fortes, cerclées de fer et bien bondées ; ils doivent toujours être sur bonde, dans des caves closes et à température constante ; on doit les tenir bien pleines en les ouillant tous les cinq jours et toujours avec du vin muté ; il faut aussi les soutirer souvent, afin de les débarrasser des dépôts et des ferments qu'ils contiennent. Les soutirages doivent s'opérer sans contact avec l'air, dans des fûts fortement soufrés. On obtient une clarification complète, en introduisant dans les moûts, *avant de les muter*, environ vingt grammes de tannin par barrique et en versant dans les fûts, avant d'achever de les remplir, 50 centilitres d'eau dans laquelle on a fait dissoudre deux tablettes de gélatine.

Vin acide par défaut de maturité du raisin. — Lorsque, dans les années pluvieuses et froides, le raisin n'atteint pas une parfaite maturité, le vin qui en provient acquiert un goût âcre et de la verdeur, dûs à un excès d'acide tartrique dont il se débarrasse difficilement et qui diminue considérablement sa valeur commerciale.

Un moyen très simple pour s'emparer de cet acide tartrate, consiste à traiter le vin par le tartrate neutre de potasse (sel végétal) avec lequel il forme un tartrate acide de potasse (crême de tartre) qui, en raison de son peu de solubilité se dépose très promptement dans les tonneaux.

Pour procéder d'une manière convenable et ne pas s'exposer à des mécomptes, il importe d'expérimenter sur un litre ou fraction de litre à la fois en y ajoutant peu à peu le tartre neutre, puis goûter, afin de s'assurer si l'excédant d'acide a bien été neutralisé. Défalquant alors d'un poids quelconque la quantité du sel employé, on saura à quoi s'en tenir pour traiter une pièce de 100 litres par exemple.

Le dépôt formé dans les tonneaux devient alors un mélange de tartrate acide de potasse (crême de tartre) et de lie qu'on doit conserver en particulier ainsi qu'il sera dit ci-après.

Si l'on a à traiter de forte parties de vins, il importe de fabriquer soi-même le tartrate neutre de potasse (sel végétal), car, pris dans le commerce, il reviendrait à 50 pour cent plus cher.

Prenez à cet effet : crême de tartre du commerce une quantité quelconque, pulvérisez, passez au tamis de crin ; mettez cette poudre dans un chaudron de cuivre étamé ou non ; ajoutez-y cinq fois environ son poids d'eau, placez sur le feu de manière à porter le liquide à 60 degrés centigrades de température, et alors ajoutez-y peu à peu et avec précaution du sous-carbonate de potasse (potasse du commerce) jusqu'à ce qu'il n'y ait plus d'effervescence produite, c'est-à-dire dégagement d'acide carbonique et que le tartrate, d'acide qu'il était, soit devenu neutre. Jetez le liquide encore chaud sur un linge, passez et procédez à son évaporation ménagée, en agitant continuellement avec une spatule de bois jusqu'à ce que d'épais qu'il était, il passe à l'état de sucre brut, c'est-à-dire de cristallisation confuse.

Nous avons dit que le dépôt formé dans les tonneaux par suite du traitement du vin par le tartrate neutre, était du tartrate acide ou crême de tartre. Il n'y a donc nul besoin d'acheter ce sel pour la nouvelle opération, puisqu'il suffira de le traiter de la même façon que nous venons d'indiquer pour le transformer en tartrate neutre.

VIN AYANT LE GOUT DE FUT. — Le vin peut prendre un goût désagréable provenant des moisissures, qui se développent sur les parois des tonneaux pendant qu'ils sont vides. On peut enlever ce mauvais goût par les moyens suivants :

1° En transvasant le vin dans un autre tonneau bien sain et sans défauts, afin que le goût ne devienne pas plus prononcé.

2° On agitera ensuite le vin très fortement avec un litre d'huile d'olive superfine pour 230 litres de vin.

L'huile essentielle à laquelle sont dues l'odeur et la saveur spéciale de la moisissure se dissout presque entièrement dans l'huile grasse ; celle-ci surnageant peut s'enlever très facilement. Si le mauvais goût n'est pas complètement enlevé, on recommence l'opération avec la même proportion d'huile ; celle-ci n'est pas perdue, on l'emploie pour l'éclairage. Quand le vin est entièrement privé de son mauvais goût, on le transvase dans un autre tonneau, qui a été préalablement méché avec soin.

Autre procédé. — On peut également recourir au charbon végétal en poudre très fine. Il faut, à cet effet, prendre de la braise de boulanger bien brûlée, propre et débarrassée de cendres, la piler aussi fin que possible et en jeter un kilogramme dans une barrique de 228 litres. On mêle bien en agitant vigoureusement ainsi qu'on le fait pour le collage, et dès que le charbon précipité a rendu le vin limpide, on procède au soutirage.

Il est impossible de déterminer exactement la quantité de poudre de charbon à employer, parce que le goût de fût devient de jour en jour plus prononcé. Un essai sur une barrique ou même sur un litre fera connaître le poids du noir végétal nécessaire pour enlever entièrement l'odeur et le goût de fût.

Vin faible en couleur. — Le traitement des vins faibles en couleur consiste, à part les soins ordinaires, à éviter toutes les pratiques qui peuvent faciliter la précipitation de leur matière colorante. On devra donc les coller le moins possible, et surtout ne pas employer sur eux des agents gélatineux, mais bien des clarifiants albumineux, dans la proportion de six blancs d'œufs, et en facilitant la coagulation de l'albumine par l'addition de un ou deux litres de bonne eau-de-vie.

Il est tout naturel que le mélange de vins très-riches en couleur avec des vins qui en manquent, augmente la couleur de ces derniers; mais pour ne pas dénaturer la sève, il convient que le mélange soit fait avec des vins de même nature et de même provenance, au moins quand il s'agit de vins fins.

Les colorations artificielles sont en général et avec raison rejetées par les œnologistes.

Vin putride. — On peut *retarder* la décomposition des vins putrides, ou qui passent à la putridité :

1° En fortifiant le titre alcoolique, en y ajoutant du tannin et en y mélangeant une certaine quantité de vin ferme, âpre et alcoolique ;

A défaut de vin ferme, en relevant leur sève, au

moyen d'eau-de-vie ou d'alcool, ou bien au moyen de la liqueur de tannin jusqu'au titre alcoolique d'environ 10 pour cent ; ou bien encore avec vingt gr. de *Conservateur de Martin-Pagis* par hectolitre.

3° En évitant le plus possible de les coller, et pour cette opération donner la préférence au blanc d'œufs, additionné de un ou deux litres d'eau-de-vie par pièce afin d'activer la coagulation albumineuse ;

4° Enfin, en ne faisant subir à ces vins aucune secousse, aucun voyage et en évitant pour leur transvasement l'emploi des pompes aspirantes et foulantes, qui accélèrent la précipitation de la matière colorante.

Vin acre. — Le goût dont s'affectent certains vins en vieillissant est un signe de dégénérescence.

Le traitement propre à diminuer l'âcreté, consiste à détruire l'acide acétique par l'emploi d'un gramme ou deux par litre de carbonate de magnésie, ou bien lorsque l'âcreté n'est pas trop forte à remonter les vins, à les rajeunir avec des vins du même genre, mais plus jeunes, fermes et francs de goût. On les colle ensuite au blanc d'œuf afin que le mélange soit plus complet.

Vin en vidange. — Pour empêcher les vins de s'aigrir et de fleurir lorsqu'ils sont en vidange, il suffit de faire brûler par la bonde un carré de mèche soufrée et de bonder hermétiquement. On renouvelle cette opération chaque fois que l'on débonde le fût, ou au moins tous les quinze jours, s'il doit rester bondé plus longtemps.

On peut soufrer un fût en vidange sans le débonder, il suffit pour cela de percer un trou de foret sur la partie supérieure du fût et de présenter à l'orifice

une mèche soufrée chaque fois qu'on soutire du vin
par le robinet : l'air en s'introduisant par ce trou de
foret y entraîne avec force la fumée du soufre ; on
bouche ensuite le trou avec un fausset.

Décoloration des vins. — La décoloration du
vin ou la destruction de sa couleur est une opération
extrêmement facile ; il suffit de mélanger dans le
vin qu'on veut décolorer une certaine quantité de noir
animal n'ayant jamais servi, de le laisser en contact
avec le vin pendant un ou deux jours et, ensuite, de
filtrer ce même vin sur une couche puissante de
noir animal, disposée en filtre dans une futaille.
(Voir page 27 et 28.)

Le noir à mélanger avec le vin dans le tonneau doit
être en poudre fine et celui employé dans le filtre en
gros grain, comme de la poudre à canon. Avant de se
servir du noir animal, il est nécessaire de le laver
deux ou trois fois avec de l'eau bouillante, pour lui
enlever son odeur et son goût désagréable, de le laisser sécher ou tout au moins bien égouter pour le débarrasser de l'eau qu'il a absorbée.

Le filtre étant bien organisé, on y fait passer le vin
plusieurs fois successivement jusqu'à ce qu'il ait perdu la couleur dont on veut le dépouiller. Il est bon
d'opérer avec un filtre fermé, afin d'éviter l'évaporation du vin et la perte de ses principes volatils.

Ce moyen nous a toujours réussi pour du vin très
chargé en couleur ; il nous a même permis d'obtenir
de vin coloré, une boisson incolore comme de l'eau
pure.

Si le noir animal enlève la couleur du vin, il lui fait
perdre aussi la plupart de ses qualités. La décolora-

tion tue pour ainsi dire le vin, en lui enlevant, les acides organiques, qui en font le principal mérite. Le vin décoloré, d'une manière absolue, n'est plus qu'un liquide fade et insipide.

Vin rouge demeuré doux.— Le vin qui, après avoir subi la fermentation alcoolique, conserve une douceur anormale, contient du sucre indécomposé ou une espèce de sucre, appelé glucoside, incapable de fermenter.

Le sucre indécomposé peut entrer en fermentation et sa présence dans le vin constitue un danger réel. A côté du sucre indécomposé, se rencontrent des matières azotées, qui contiennent des germes de ferments, et des ferments développés, ainsi que des matières propres à favoriser l'activité et la production des mycodermes. Dès que les conditions de température deviennent favorables à l'action de ces ferments, on voit s'établir dans le vin un mouvement tumultueux, une espèce de fermentation. Si cette fermentation est franchement alcoolique, le sucre se transforme en alcool et le vin, perdant sa douceur, gagne en force et en solidité, mais si la fermentation s'éloigne du caractère de la fermentation vineuse, ainsi que cela arrive fréquemment, le sucre se transforme en produits autres qu'en alcool et acide carbonique, et le vin est perdu.

Si l'on voulait tenter l'effet de la fermentation, nous dirions : prenez un kilogramme de sucre raffiné, trois litres d'eau à vingt-cinq degrés de température et un demi litre de lie de vin blanc bien fraîche, ajoutez-y dix grammes d'acide tartrique dissous dans cent grammes d'eau chaude et laissez la fermentation se développer dans ce mélange. Lorsque le levain aura monté, jetez-le dans deux hectolitres de vin doux, agitez pour incorporer le levain ; au bout de quelques jours, la fermentation aura décomposé le sucre ajouté et celui que le vin contenait en excès. Il serait prudent de faire un essai de cette nature sur une pièce de 200 litres, afin de ne rien donner aux mauvaises chances d'une fermentation nuisible à la qualité du vin.

Si redoutant de ne pas réussir en faisant l'essai de la fermentation, on désire prendre des précautions contre la possibilité de voir la douceur du vin dégénérer et provoquer son altération, il convient alors d'employer un ou plusieurs des moyens suivants, propres à prévenir la dégénérescence du vin.

1° Au moyen du soufrage : le gaz acide sulfureux provenant de la combustion d'une mêche soufrée peut s'opposer à toute fermentation pendant un certain temps. Nous n'hésitons pas cependant à déclarer que le soufrage est peu de notre goût. L'odeur du soufre peut, dans le cas présent, altérer les principes du vin.

2° Une addition rationnelle d'une petite quantité de bon alcool aurait pour effet de conserver le vin dans sa douceur et de le mettre à l'abri des altérations auxquelles son état sucré l'expose.

3° Si l'on était partisan du chauffage et qu'on fût pourvu du matériel nécessaire à cette opération, on pourrait y recourir.

4° Enfin un moyen efficace, non pour enlever la douceur du vin, mais pour le conserver sans altération, consisterait dans l'emploi de quarante grammes par hectolitre de *Conservateur* (voir ce mot à la table) et d'un à deux litres d'alcool.

Le vin doux ainsi traité résisterait aux chances de maladies et formerait un excellent coupage en l'associant avec du vin un peu plus frais, acide comme les vins du Cher par exemple, ou plus nerveux, comme ceux qui sont employés chaque jour pour cet usage.

Vin qui fermente en bouteille. — Cette altération provient, soit de la mauvaise constitution du vin, soit d'un vin mis en bouteille encore trop jeune. On diminue la fermentation en plaçant les bouteilles debout dans un local frais et en les y laissant séjourner deux jours au moins ; on les débouche ensuite, et on les laisse ainsi une heure ou deux, afin de donner une issue au gaz acide carbonique. Mais ce procédé n'est qu'un palliatif, qui détruit rarement la cause de l'altération. Dans la majorité des cas, ces vins sont louches ; il est préférable de les remettre en barriques.

Vin clair en fut, trouble en bouteilles. — Il est hors de doute que des vins clairs en fûts et qui se troublent, étant en bouteilles, renferment encore des éléments de fermentation, ce qui amène le trouble dont on se plaint, quand on les met en mouvement. Si l'on peut attendre, le passage de l'hiver suffira seul pour les calmer. Dans le cas contraire, il faut après les avoir dépotés, les coller, les soutirer dans des fûts mêchés et les laisser reposer une quinzaine. Ces précautions prises, on pourra sans crainte les remettre en bouteilles.

Vin ayant un gout de bouchon pourri. — Quand on a pas goudronné le goulot d'une bouteille, ou lorsqu'on emploie de mauvais bouchons, qui ont déjà du service et si surtout la cave est humide, les bou chons se pourrissent en peu de temps et communiquent au vin un mauvais goût. Dans ce cas, on conseille de dépoter le vin, de le loger dans un fût légèrement mêché et de verser par-dessus un litre de bonne huile d'olive qu'on battra vigoureusement. Au bout d'une quinzaine de jours, on pourra soutirer ; le vin sera débarrassé de tout mauvais goût.

Vin blanc bourru ; sa clarification. — On nomme vin bourru celui qui sort du pressoir ou de la cuve et dont la grosse lie est mêlée dans la liqueur. Ces vins blancs n'ayant pas fermenté en cuve conservent assez longtemps un goût sucré très agréable, et quoique troubles, il s'en fait une assez grande consommation sous le nom de vin doux ; cependant la lie mêlée dans la liqueur lui donne une couleur désagréable et un goût pâteux. Il s'en consommerait beaucoup plus si l'on prenait la peine de les éclaircir. Nous allons indiquer une méthode, qui nous a parfaitement réussi.

Après avoir mis la pièce sur chantier de manière à pouvoir la soutirer facilement, on perce le fond en trois endroits différents et on y place trois cannelles, savoir : l'une en bas comme à l'ordinaire ; la seconde au tiers de la hauteur du fond contre la barre et la troisième au dessus de la barre ; puis on fait à la même hauteur, à côté des cannelles autant de trous de foret que l'on bouche avec des faussets. Après avoir retiré huit ou dix litres de vin, on colle comme à l'ordinaire, on agite la liqueur avec un bâton et on laisse reposer sans mettre la bonde. Au bout d'un quart d'heure de repos, on ouvre le fausset le plus élevé : si le vin ne vient pas clair, on le ferme et on répète cette opération de minute en minute. Dès que le vin sort clair, on ouvre la cannelle supérieure et on laisse couler dans des brocs en ayant soin de les changer sans fermer la cannelle. Les brocs doivent être vidés à mesure dans une pièce soufrée. Lorsque la première cannelle à cessé de couler on ouvre le fausset qui est près de celle du milieu. Si le vin sort clair, on le tire comme nous venons de l'indiquer et on fait de même pour celle du bas. Ce vin ne sera pas limpide, mais on l'aura dégagé de sa grosse lie. En le collant de nouveau, il s'éclaircira parfaitement en trente-six heures, surtout s'il fait un temps sec.

Il est à observer qu'il faut saisir le moment où le vin vient clair pour ouvrir la cannelle, si on le laissait reposer trop longtemps, la lie remontrait dans la liqueur, pour ne retomber qu'après que la fermentation serait apaisée. Quelquefois même elle y reste suspendue pendant plusieurs mois.

Il y aurait encore un parti très avantageux à tirer de ces vins, en les conservant doux, longtemps après l'époque, où l'on peut difficilement s'en procurer.

VIN BLANC NOUVEAU, MOYEN D'ARRÊTER SA FERMENTATION ET DE LUI CONSERVER SA DOUCEUR. — (Méthode du docteur Colombat). Pour un tonneau de trois hectolitres, on achète trois livres de farine de moutarde, que l'on commence par délayer dans deux litres du même vin. On entonne ensuite ce mélange par la bonde du tonneau.

Au bout de quelques jours, dès que le vin est clair, on le soutire dans une autre pièce qu'on a eu le soin de soufrer préalablement, puis plus tard on peut mettre en bouteilles.

Les vins blancs du Nord, assure le docteur Colombat, de l'Isère, en général d'une saveur acide et austère, acquièrent au moyen de cette préparation fort simple, la douceur de la plupart des bons vins blancs de Bordeaux et de Chablis.

Vin blanc coloré en rouge. — Le vin blanc dont la teinte vire au rose foncé, a séjourné trop longtemps avec la pellicule du raisin. La matière colorante a été plus facilement dissoute en raison de la grande maturité du fruit.

Lorsqu'on exprime du raisin rouge ou noir pour en faire du vin blanc, il faut éviter avec soin le contact prolongé du jus avec les pellicules. Ordinairement la fermentation détruit le peu de couleur que ces jus emportent du pressoir ; mais, lorsque le raisin est riche en principes de toutes sortes, alors le moût se colore plus fortement qu'à l'ordinaire.

Pour débarrasser le vin de cette teinte, qui le dépare, nous avons employé avec succès la braise de boulanger en poudre impalpable.

Le vin étant soutiré dans un fût en bon état, on y verse d'abord 500 grammes de cette poudre, préalablement bien délayée dans quelques litres du même vin. On agite afin de bien répartir le charbon dans la masse du liquide et on laisse reposer. On renouvelle l'agitation le lendemain encore, et au bout de quelques jours si le vin n'est pas devenu clair, puis on le colle pour précipiter la poudre noire.

Vin blanc jauni. — La teinte jaune n'est pas toujours un signe de dégénérescence ; il est certains vins qui la prennent en vieillissant, sans perdre pour cela de leur goût ou de leur limpidité. Ils n'en sont même que plus agréables à l'œil et plus recherchés. Quand le jaune a saisi un vin blanc nouveau sur lie, il suffit, pour le rétablir, de retourner le fût bonde dessous. Au bout de dix jours, on répète l'opération, puis après repos, on soutire si le vin n'est plus sur lie ; le soutirage doit se faire dans des futailles fortement soufrées, puis on colle énergiquement.

VIN BLANC DEVENU ROSE. — Bien que logé dans des fûts neufs, un vin blanc nouveau, qui n'est pas débarrassé de tous les éléments fermentescibles, peut, dans certaines conditions de mouvement et de température, prendre une teinte plus ou moins rose. Nous devons ajouter que certains bois de chêne peuvent à eux seuls les colorer ainsi, au moyen des principes extractifs que le liquide fait dégager et s'assimile. Le méchage suffit ordinairement pour blanchir ces vins. Si le méchage est impuissant, nous conseillons alors un bon collage à la colle de poisson ou au moins à la gélatine bien épurée.

VIN BLANC AYANT LE GOUT DE SOUFRE. — Certains vins ont ce goût naturellement ; le temps est, dans ce cas, le seul remède. D'autres ont été imprégnés surabondamment de vapeurs sulfureuses, dans le but d'arrêter leur fermentation. D'autres fois, on n'a pas retiré la mèche assez à temps pour empêcher son résidu de tomber au fond du tonneau, dans lequel on a versé le vin.

Dans le cas où ce goût serait dû à l'une ou à l'autre des deux dernières causes, il faut coller le vin, puis le soutirer dans un tonneau frais, mèché à l'alcool ; en faisant en sorte, que le jet du vin en sortant du tonneau soit en contact avec l'air et lorsqu'on le verse dans le second fût, le ventiler autant que possible.

Après le collage et avant le soutirage le vin aura dû être vigoureusement fouetté, en ayant soin, en outre, de laisser la bonde ouverte au moins quarante-huit heures, et de laisser ensuite reposer.

Si ce moyen ne réussit pas complètement une première fois, il faudra tenter une seconde opération.

Il arrive parfois que le goût du soufre, provient du raisin, lorsque celui-ci a été tardivement soufré. Dans ce cas, il suffit de laisser au temps le soin de faire perdre ce goût. Mais si l'on est pressé, on l'enlèvera immédiatement en brûlant une mèche soufrée sur le vin.

VIN BLANC QUI TIRE A LA GRAISSE. — La graisse est due à l'action d'un ferment particulier, agissant d'une manière spéciale sur les matières fermentescibles contenues dans le vin. Les vins rouges sont peu sujets à cette maladie, qui affecte plus spécialement les vins blancs, surtout ceux qui proviennent des plants inférieurs, tels que les gamays blancs et les chasselas. Sous l'influence de ce ferment, les matières albumineuses contenues dans le vin se transforment en un orps gras et en glycérine, laquelle communique au vin son onctuosité et la propriété de filer comme de l'huile. Le ferment, qui provoque ce genre d'altération, paraît-être un mycoderme d'un aspect filamenteux dont les petites tiges en s'enchevêtrant les unes dans les autres, augmentent encore la viscosité du liquide. Ce ferment, qui s'est développé en l'absence de l'air, paraît craindre le contact de ce fluide, aussi le meilleur remède qu'on puisse appliquer aux vins qui ont tourné à la graisse, est-il de les agiter à l'air. Le ferment périt à la suite de ce mouvement et le vin cesse de filer. On a vu des vins guérir de cette maladie en les faisant tomber d'une certaine hauteur, dans des baquets destinés à les recevoir, ou même simplement en les transportant pendant quelque temps sur un chemin difficile et rocailleux.

Autre procédé. — C'est le manque de tartre et de tannin, qui est la cause de cette altération qu'on désigne en œnologie sous le nom de graisse. En général cette maladie disparaît avec le temps ; mais si l'on est pressé d'employer le vin, il faut, pour le débarrasser de la graisse, l'additionner d'une dissolution de tannin (30 grammes dans un litre d'alcool par hectolitre) souvent un soutirage suffit ; de même que pour le vin en bouteilles, qui tourne à la graisse, un simple dépotage peut en opérer la guérison.

Autre procédé. — Pour guérir les vins blancs qui tirent à la graisse après le collage, il faut soutirer le vin gras dans un fût bien mêché et lotionné d'un demi-litre d'eau-de-vie, puis ajouter : 70 grammes d'alun calciné et 20 grammes de crème de tartre. Faire dissoudre 80 grammes de tannin dans un litre d'alcool, coller ensuite énergiquement et agiter le tout pendant au moins cinq minutes.

Autre procédé. — Le moyen de débarrasser les vins rouges et blancs des corps albumineux et des matières azotées, qui déterminent la graisse, et en même temps le moyen de les rendre limpides, tout en conservant leur couleur et leur brillant, peut être fourni par le *Conservateur*. (Voir ce mot à la table).

Voici comment on doit opérer : le *Conservateur* étant dissous dans de l'eau bouillante, on ajoute cette dissolution, après refroidissement, au vin gras; on laisse opérer pendant quelques heures, puis on colle.

On s'assure facilement du dosage du *Conservateur* à employer, en faisant un essai sur de petites quantités, telles qu'un hectolitre ou même sur un litre.

Ici cependant une observation : si l'on donnait, après addition du *Conservateur*, une colle trop forte, le vin ne se clarifierait pas parfaitement ; la quantité de colle à employer ne doit pas dépasser en poids la moitié du *Conservateur*, jugé nécessaire après essai.

Vermouth altéré par l'eau de mer. — Tous nos essais pour ramener du vermouth altéré par l'eau de mer, à un état plus ou moins parfait de consommation, ont été infructueux. La distillation a été notre unique ressource. Nous avons cependant réussi à *atténuer* le mal par l'allongement du vermouth altéré, avec du rhum de bonne qualité et par une addition de raisins secs Malaga que nous y avons fait infuser.

⁕

LE VIN, SON ALTÉRATION, SA GUÉRISON

Système Pasteur.

Les maladies des vins sont des altérations, qui résultent du développement, au sein de ces liquides, de fermentations autres que la fermentation alcoolique.

Dans la fermentation vineuse, on reconnaît l'existence d'un ferment spécial, être organisé, vivant, qui végète et se développe dans le moût pendant sa transformation en vin.

La maladie d'un vin est donc la conséquence de la

présence au sein de ce liquide d'un ferment d'une autre espèce que celui qui produit la fermentation vineuse.

Ce ferment vit, se développe, se reproduit dans le vin, et celui-ci devient malade. Certains éléments disparaissent, d'autres substances les remplacent et c'est tous ces changements, qui déterminent les propriétés et les caractères des vins altérés.

Chaque maladie différente est produite par un ferment spécial, facile à distinguer, quant à sa forme, du moins lorsqu'il a pris tout son développement, et est toujours très nettement caractérisé par la nature des modifications, qui accompagnent sa végétation.

Ainsi donc, d'après M. Pasteur, *les maladies des vins sont des fermentations. Chaque maladie est caractérisée par un ferment spécial.*

Toutes les fois qu'un vin est malade il est trouble et cet état est l'indice certain d'un mouvement intérieur, qui existe dans toute la masse.

Cet état du liquide est accompagné d'un dépôt plus ou moins abondant, qui tend, en vertu de sa densité, à gagner les parties inférieures.

L'examen de ce vin, au point de vue du diagnostic de son altération, doit être fait au moyen du microscope, et cette étude mycroscopique suffit pour établir les deux propositions ci-dessus.

Peut-on empêcher l'apparition et le développement dans les vins de ces végétations nuisibles, qui causent leurs maladies ? Dans le cas où ces végétations se sont produites et ont envahi des vins, est-il possible de les détruire et par conséquent de guérir le vin malade ?

C'est ce qu'il s'agit d'étudier.

Un vin est malade : d'après ce qui précède, il est

soumis à l'influence d'une végétation spéciale dont tous les phénomènes apparents sont la conséquence de la vie d'un être organisé jouant le rôle de ferment.

Or, on sait, que si on expose des liquides fermentescibles et toutes les liqueurs en voie de fermentation à une certaine température, 50 à 75 degrés, c'est-à-dire au point de coagulation des matières albuminoïdes, on arrête d'une manière complète l'accomplissement de tous les phénomènes, qui, dans ces liquides, étaient sous la dépendance d'une action vitale.

Non seulement alors l'action est suspendue pendant cette élévation de température, mais la vitalité du ferment est détruite et la fermentation ne se reproduira que par suite de l'introduction d'un nouveau ferment ou tout au moins de germes capables de lui donner naissance.

Le dépôt qui tout à l'heure existait dans ce vin malade et qui contenait des matières inoffensives mélangées avec un ferment, ne contiendra plus après l'élévation de température que des substances inertes, incapables de reproduire par elles-mêmes, lorsque le vin sera revenu à la température ordinaire, la maladie dont elles étaient, avant l'opération, les éléments actifs.

Il en est de même des mesures à prendre pour empêcher l'apparition et le développement des maladies dans le vin.

La théorie de ce mode de traitement des vins malades ou qui peuvent le devenir est, comme on le voit très nette et très simple. Il suffit du chauffage à 75 degrés pour les vins malades et à 50 degrés pour les vins qui peuvent le devenir.

CHAPITRE II

Guérison des Maladies et Altérations des Spiritueux

EAU-DE-VIE DEVENUE SURE POUR CAUSE DE FUT AYANT CONTENU DU VINAIGRE. — Comme on ne peut apprécier la quantité d'acide acétique déterminant l'acidité, qui varie selon les cas, le dosage exact de la substance à employer est difficile à préciser. Voici comment on doit procéder :

Dans un litre d'eau-de-vie, rendue sure, par une addition de fort vinaigre, on versera quelques gouttes d'ammoniaque liquide et de suite le goût sur disparaîtra, en laissant une eau-de-vie moëlleuse, d'une belle couleur un peu plus foncée.

Prenons par exemple un litre de l'eau-de-vie à corriger et commençons par y verser dix gouttes d'ammoniaque liquide. On agitera le mélange, et au bout de quelques minutes, on dégustera pour s'assurer de l'effet de l'alcali; si le goût sur persistait; il faudrait alors employer encore cinq gouttes d'ammoniaque et augmenter progressivement la dose jusqu'à ce que l'acidité ait disparue.

Dès qu'on connaîtra le nombre de gouttes d'ammoniaque nécessaire pour désacidifier un litre d'eau-de-vie; il sera facile de déterminer la quantité d'alcali à employer pour le fût entier.

L'ammoniaque à 22 degrés désignée vulgairement sous le nom d'alcali volatil se trouve dans toutes les pharmacies et à bas prix.

Pour la réduction des 3/6 du midi, ordinairement durs lorsqu'ils sont jeunes, on emploie avantageusement quelques gouttes d'ammoniaque par litre.

L'usage de l'ammoniaque que nous conseillons pour le cas spécial précité, n'est pas sans précédents dans le traitement des eaux-de-vie, on peut y recourir sans aucune crainte avec certitude de succès si l'opération est convenablement faite.

Eau-de-vie ayant contracté le gout de moisi. — Le goût de moisi provient de la malpropreté de la futaille. On attribue ce goût à la présence d'une végétation cryptogamique ou espèce de champignon microscopique qui s'établit sur les parois des fûts vides abandonnés au libre contact de l'air atmosphérique.

Cette végétation apparaît sous forme de moisissures bleues, et vit aux dépens des matières déposées sur les parois de la futaille ou au détriment du bois lui-même qu'elle décompose lentement.

Le goût de moisi communiqué à l'eau-de-vie et même au vin est très difficile à enlever. On a proposé pour le détruire, plusieurs moyens sans efficacité réelle, tels, par exemple, que l'emploi d'un sachet rempli de seigle grillé, ou de morceaux de carottes torréfiés que l'on introduit dans le liquide infecté.

Ces moyens empiriques ont peu de valeur : ils peuvent communiquer, au liquide dans lequel on les met infuser un goût particulier de brûlé pour masquer l'odeur et le goût du moisi, mais cela ne détruit ni n'atténue le goût des moisissures.

Il n'existe qu'un seul agent capable d'enlever le mauvais goût de moisi, c'est le charbon végétal, et voici comme on devra l'employer :

D'abord, il faut transvaser l'eau-de-vie dans un fût bien propre et bien sain, ensuite pour chaque hectolitre d'eau-de-vie, on emploiera 500 grammes de charbon végétal en poudre très fine.

On aura soin de mélanger le charbon dans un litre d'eau-de-vie ; on obtiendra ainsi un liquide noir comme de l'encre que l'on introduira dans le tonneau à désinfecter, en ayant soin d'agiter le mélange et de rouler la futaille afin que le charbon se divise et se répartisse dans toute la masse du liquide. On renouvellera cette agitation plusieurs fois pendant deux ou trois jours et enfin on collera pour précipiter le charbon et clarifier l'eau-de-vie.

Au bout de peu de temps l'eau-de-vie aura acquis une grande limpidité et se trouvera débarrassée de l'odeur et du goût de moisi.

Il ne restera plus qu'à la soutirer au clair fin dans un fût en bon état.

Les transvasements et le collage, ainsi que le charbon, affaiblissent toujours un peu les liquides. Pour restituer à l'eau-de-vie dont il s'agit du corps et de la plénitude et pour la mûrir on pourra y ajouter un peu de *Fleur de Cognac.* (*Voir ce mot à la Table*).

Si l'on exécute avec soin le traitement facile et sans dépense que nous indiquons, l'eau-de-vie infectée aura acquis toutes les qualités de sa nature et constituera un produit loyal et marchand.

EAU-DE-VIE TROUBLE. — Deux causes peuvent troubler la limpidité de l'eau-de-vie : 1° la mauvaise qualité de l'eau employée lors du dédoublage ; 2° la mauvaise qualité du caramel.

Il faut en opérant le dédoublage se servir de préférence d'eau de pluie. Lorsqu'on n'a à sa disposition que de l'eau de puits, comme celle-ci est presque toujours calcaire, il est utile de l'épurer avant d'en faire usage. On y parvient au moyen de l'ébullition prolongée pendant 20 à 25 minutes. L'ébullition chasse l'acide carbonique au moyen duquel la plupart des matières calcaires sont tenues en dissolution dans l'eau. Après le départ de l'acide carbonique, la matière terreuse se précipite sous forme de poussière blanche. On la sépare facilement par décantation. On peut aussi filtrer les eaux chargées de matières étrangères sur du noir animal qui absorbe une partie de la chaux et des corps étrangers.

L'eau ainsi débarrassée des sels calcaires et terreux par l'ébullition et, par la filtration, est beaucoup plus douce et plus légère. Son emploi alors rapporte en degré et en qualité beaucoup plus que son épuration n'a coûté.

Si l'état nuageux et trouble de l'eau-de-vie est dû à un caramel de mauvaise qualité, il faut pour donner au liquide la transparence et le brillant, le coller au moyen d'un bon clarifiant. Après deux jours de repos, l'eau-de-vie doit avoir acquis toute la transparence et la fraîcheur de teinte nécessaire.

Nous avons vu dans un cas analogue l'emploi de l'acide acétique réussir sur des eaux-de-vie que divers collages successifs n'avaient pu clarifier.

Dans ce cas, il faut essayer dans un verre à boire l'effet de quelques gouttes d'acide acétique sur l'eau-de-vie. Si l'emploi de cet acide est indiqué par la nature de l'eau-de-vie, la clarification se manifestera immédiatement.

Autre cas. — De l'eau-de-vie provenant d'un dé-

doublage de 3/6 du Nord avec 10 pour cent d'eau-
de-vie de marc du Mâconnais, a donné un produit
trouble qui a résisté au collage et à la filtration.
Voici dans ce cas particulier ce qui se passe.

Les eaux-de-vie de marc de raisin contiennent des
huiles essentielles en quantité plus ou moins grandes, selon la nature du raisin et en raison des soins
apportés dans la distillation. Ces huiles essentielles
ont la propriété de s'unir à la chaux et de former
avec elle des savonules ou savons insolubles. Dans le
cas qui nous occupe la chaux contenue dans l'eau
de puits employée au dédoublage de l'alcool s'est
trouvée en contact avec l'huile essentielle, il s'est
alors opéré une combinaison qui a eu pour résultat
de rendre le liquide nuageux, laiteux et trouble. Mais
lorsque la combinaison de l'huile et de la chaux est
complète, le savonule devient insoluble et sa densité plus grande que celle du liquide l'oblige a obéir
aux lois de la pesanteur et il se précipite alors au
fond du vase. En se précipitant il débarrasse le liquide de sa présence et l'eau-de-vie acquiet de suite
toute sa transparence.

Il suffit donc quand on a de l'eau-de-vie dans de
semblables conditions, de la laisser reposer pendant
quelques jours et elle se clarifiera seule ; on la souti-
rera ensuite au clair et pour ne rien perdre le dépôt
sera soumis à la filtration, et l'eau-de-vie qui s'en
écoulera sera limpide.

EAU-DE-VIE A GOUT DE CHÊNE. — L'eau-de-vie qui
a séjourné trop longtemps dans un fût neuf mal dégorgé, contracte souvent un goût acerbe, astringent
et amer provenant des matières extractives du chêne.

Cet accident étant assez fréquent, on doit donc n'employer que des fûts bien sains, bien propres, ou ayant déjà contenu de l'alcool ou des eaux-de-vie ordinaires.

Dans le cas où une eau-de-vie a contracté le goût de chêne, il suffit alors d'employer un collage énergique avec de la colle de poisson bien préparée et bien dissoute ; à défaut de colle de poisson on pourra se servir de gélatine épurée. La gélatine en s'unissant au tannin et à quelques-unes des matières extractives du bois, forme un corps nouveau qui ne tarde pas à se précipiter sous forme de lie. La précipitation de la combinaison gélatineuse débarrasse l'eau-de-vie d'une partie des principes extraits du chêne et laisse au liquide son caractère propre et ses qualités particulières.

Après soutirage, on pourra adoucir un peu cette eau-de-vie par une légère addition de sirop fait avec du sucre bourbon brut ; quelques grammes suffisent.

Eau-de-vie mélangée d'absinthe. — Ceci n'est qu'un accident : soit par exemple, l'enfûtage d'eau-de-vie dans un tonneau non visité et ayant contenu de l'absinthe. Dans tous les cas ce mélange n'est pas chose si malheureuse qu'on pourrait le croire, puisque le prix de l'absinthe est toujours supérieur a celui de l'eau-de-vie, surtout de l'eau-de-vie ordinaire. Il suffit donc de faire sur le mélange un nouvel apport, non d'absinthe, mais d'extrait d'absinthe jusqu'à ce que le goût et le dégré primitifs soient rétablis. A l'aide de ce procédé on obtiendra une quantité plus forte avec qualité parfaitement égale ; au lieu de perte il y aura donc pour résultat, dans un grand nombre de cas, profit, à moins cependant qu'il s'agisse de vieilles eaux-de vie de Cognac.

Eau-de-vie ayant le gout de fumée. — Le goût de fumée ou de brûlé (car c'est à l'alambic et à la suite d'un vice de fabrication que ce goût se contracte) est un de ceux qu'il est le plus difficile de faire disparaître, surtout dans les eaux-de-vie. Nous ne voyons de moyens d'atténuation de ce goût que dans des collages énergiques et des coupages avec des eaux-de-vie récemment faites.

Eau-de-vie trouble par l'emploi du sirop de mélasse. — Les sirops de mélasse ainsi que la plupart des caramels, contiennent des matières organiques coagulables par l'alcool et des sels qui dissolvent les substances albumineuses, d'où résulte des eaux-de-vie nuageuses et troubles. On évite en partie cet inconvénient en dissolvant le caramel et le sirop dans l'eau, avant son mélange avec l'alcool pour en faire de l'eau-de-vie.

Dans tous les cas, il est prudent de ne faire usage que de sirop de mélasse de canne à sucre, à l'exclusion des mélasses de betteraves trop chargées de sels minéraux organiques et de principes pectineux dont la dissolution rend l'eau-de-vie trouble.

Pour être bien certain d'avoir de la mélasse de canne à sucre, on doit s'adresser aux raffineries des villes maritimes qui ne travaillent que des sucres des colonies. Cette mélasse, si elle n'est pas brûlée, ce qui arrive quelquefois, possède le bon goût et la finesse nécessaires au but que se propose le dédoublage des alcools.

4.

Eau-de-vie infectée accidentellement d'ammoniaque liquide. — On remédie à un excès d'alcali employé à double dose en faisant un nouveau coupage
d'alcool, lorsque dans le dédoublage des trois-six
de vin, on fait usage d'ammoniaque liquide.

On peut aussi recourir à la saturation de l'ammoniaque par les acides. Le seul acide que nous
puissions conseiller est l'acide tartrique qu'on extrait du tartre déposé par le vin dans les foudres
et les futailles.

L'acide tartrique sature parfaitement l'alcali. Le
tartrate d'ammoniaque qui résulte de cette saturation, ne présente aucun inconvénient pour la santé.
L'emploi de cet acide demande cependant des précautions et des tâtonnements, pour n'employer exactement que la quantité indispensable à l'ammoniaque contenue dans l'eau-de-vie.

On se procure d'abord de l'acide tartrique pur et
cristallisé, on en fait dissoudre un demi-gramme
dans une petite quantité d'eau chaude et on l'incorpore, dans un litre d'eau-de-vie infectée d'alcali.
Après quelques instants d'agitation, l'acide tartrique
et l'alcali se seront combinés et neutralisés, si les
proportions respectives sont dans le rapport utile et
alors l'odeur de l'alcali aura disparu. Si un demi-
gramme d'acide tartrique est insuffisant, on augmentera progressivement la dose, jusqu'à ce que
l'ammoniaque ait cessé d'être sensible à l'odorat. Dans
le cas où un demi gramme d'acide tartrique serait
trop élevé, on en diminuerait la proportion.

Une petite quantité de sirop de sucre candi ajoutée
à l'eau-de-vie, corrigerait le peu d'âpreté que l'acide
tartrique aurait pu lui communiquer.

Eau-de-vie accidentellement infectée d'huile de pétrole. — Le moyen de guérison consiste dans l'emploi de cinq grammes de poudre de charbon végétal bien brûlé, par litre d'eau-de-vie. Après agitation et repos, on filtre deux fois et alors l'eau-de-vie doit sortir du filtre limpide et débarrassée du pétrole. Ni à l'odorat, ni par une dégustation attentive on ne doit retrouver l'odeur caractéristique de l'huile minérale.

On peut essayer, sans danger et sans frais, l'emploi de ce moyen en amalgamant cinq grammes, de braisse de boulanger en poudre fine et au besoin dix grammes, par litre d'eau-de-vie. On incorporera intimement le tout, en agitant vigoureusement. Une demi-heure après le mélange, on filtrera et la désinfection devra être parfaite.

Eau-de-vie accidentellement infectée du gout de suif. — On ne connaît aucun moyen d'enlever le goût de suif, de graisse ou d'huile sans repasser l'eau-de-vie à l'alambic et sans la rectifier avec soin, mais ce moyen est impraticable pour une eau-de-vie déjà vieille et de bonne qualité, puisque la rectification n'en ferait plus qu'une eau-de-vie jeune. Pour l'améliorer sensiblement et lui enlever en partie le goût étranger dont elle est affectée, on peut néanmoins la soumettre à un collage convenable à la colle de poisson ou à la gélatine bien épurée. La gélatine s'unissant au principe astringent qui se révèle dans le liquide, entraîne avec elle, sous forme de léger dépôt, les matières avec lesquelles elle se sera combinée.

On devra ensuite pour adoucir cette eau-de-vie y

ajouter de 100 à 150 grammes de sucre candi par hectolitre. Le sucre candi doit être fondu et transformé en sirop avant son emploi.

On agite bien le mélange de sirop et de gélatine dans l'eau-de-vie, afin de bien incorporer le tout. Après quelques jours de repos, l'eau de-vie sera redevenue limpide et brillante, son goût sera sensiblement atténué, et la marchandise conservant les bonnes qualités de sa nature et de son âge pourra encore être consommée.

EAU-DE-VIE COLORÉE PAR UN FUT DE BOIS NEUF, OU PAR UN FUT AYANT CONTENU DU VIN ROUGE ET NON SUFFISAMMENT DÉROUGI. — Lorsque le fût n'a pas été dégorgé avant de recevoir le liquide, la première eau-de-vie se colore fortement et acquiert même un goût astringent désagréable. Il est donc nécessaire de diminuer cette teinte et la ramener à la nuance jaune ambrée, habituelle aux bonnes eaux de-vie.

Deux moyens se présentent: D'abord si l'on possède de l'eau-de-vie de même qualité et non colorée, en faisant un mélange des deux liquides, on atténue la couleur de celui qui est trop foncé. Mais si l'on a pas d'eau-de-vie d'une égale valeur et non colorée, il faut enlever l'excédant de couleur ou la teinte provenant du bois.

Un bon collage avec une forte proportion de gélatine, suffit ordinairement pour s'emparer des matières extractives et colorantes enlevées au bois, pour les combiner avec la gélatine, et les précipiter sous forme de dépôt ou de lies.

Dans le cas où indépendamment des substances

colorantes du bois, l'eau-de-vie aurait absorbé des matières grasses associées à la fibre ligneuse, le collage avec la gélatine seule ne suffirait pas. Il faudrait y ajouter un kilogramme de charbon végétal bien brûlé, par hectolitre d'eau-de-vie. On prépare ce charbon avec de la braise de boulanger, débarrassée de cendres, réduite en poudre impalpable, dans un mortier et ensuite passée au tamis de soie.

La poudre de charbon est ensuite lavée avec de l'eau bouillante ; après quelques instants de repos, elle se précipite au fond du vase. On décante l'eau qui surnage et la poudre noire recueillie sous forme de bouillie peut servir immédiatement pour la clarification de l'eau-de-vie.

On a soin de dissoudre d'abord la gélatine dans la quantité d'eau nécessaire et ensuite de délayer la poudre de charbon avec quelques litres d'eau-de-vie extraits du fût à clarifier. On verse dans la futaille la dissolution de gélatine, on roule et on agite pour la bien incorporer à la masse liquide ; ceci fait on verse également la poudre de charbon dans le fût avec la précaution de bien l'agiter, et de le rouler dans tous les sens, plusieurs fois pendant deux jours.

Ensuite on laisse reposer, en ayant soin de pratiquer un trou de fosset, qu'on laisse ouvert à côté de la bonde, l'air pénétrant dans le tonneau par le trou de fosset, facilite la précipitation de la gélatine et de la poudre de charbon qui entraîne les matières colorantes et extractives du bois. Après quelques jours de repos, l'eau-de-vie est devenue brillante, d'une couleur agréable, d'un goût plus tendre, parce que l'extractif du bois, qui lui donnait une saveur de chêne, acerbe et rude, s'en est séparé en partie pour s'unir à la gélatine et au noir végétal.

Le moyen que nous venons de recommander pour enlever la couleur du bois empruntée aux futailles par l'eau-de-vie, convient également pour dérougir l'eau-de-vie colorée par les fûts à vin.

Moyen de conserver des eaux-de-vie blanches. — Les futailles neuves en chêne, quoique préalablement dégorgées, au moyen de l'eau acidulée, et dans lesquelles on loge de l'eau-de-vie blanche, c'est-à-dire telle qu'elle sort de l'alambic, ne tardent pas à donner à cette eau-de-vie une quantité plus ou moins grande de principes colorants : Ainsi les merrains d'Amérique donnent à l'eau-de-vie une couleur ambrée, ceux de Dantzig une légère coloration, ceux de Stettin une coloration plus marquée, ceux de Lubeck encore plus marquée, ceux de Riga foncée, ceux de Memel plus foncée et ceux de Bosnie presque noire.

Or donc, pour conserver des eaux-de-vie blanches, il suffit de les loger dans des fûts parfaitement dégorgés et revêtus intérieurement d'un enduit composé d'un mélange de gélatine très pure et de tannin.

Eau-de-vie a odeur putride. — Cette odeur n'est pas tenace, elle cède rapidement à l'action désinfectante du charbon végétal. Il suffit de mettre par hectolitre dans le fût contenant de semblable eau-de-vie, un kilogramme de braise de boulanger bien brûlée et réduite en poudre. On agite ensuite la futaille afin de mélanger exactement la poudre noire dans l'eau-de-vie et on renouvelle cette agitation deux fois par vingt-quatre heures pendant trois jours. On laisse reposer, et le charbon se précipitant au fond de la futaille, laisse l'eau-de-vie claire et limpide. Si la clarification se fait attendre, on colle alors à la gélatine.

Le charbon végétal enlève les mauvaises odeurs, mais il absorbe également les bonnes, il ne faut donc l'employer qu'avec modération pour les eaux-de-vie fines, dont il amoindrit un peu le parfum et le bouquet.

Eau-de-vie noire. — La poudre de charbon végétal nous a toujours réussi pour la décoloration des eaux-de-vie noires. On doit, à cet effet, se procurer un kilogramme de braise de boulanger bien brûlée, la réduire en poudre aussi fine que possible et la verser dans le fût en ayant soin de rouler la pièce chaque jour pendant une semaine afin de mettre souvent le charbon en contact avec la matière colorante. Si cette quantité de poudre végétale ne suffisait pas, on l'augmentera ou bien on ajoutera un kilogramme de charrée ou cendres de bois lessivées et lavées de rechef à l'eau chaude.

La charrée jouit d'un pouvoir décolorant assez prononcé, sans modifier le goût du liquide.

Si la limpidité était lente à se manifester, il faudrait coller l'eau-de-vie et la soutirer après la clarification pour la colorer avec de bon caramel.

Eau-de-vie et liqueur de prunelles blanchâtres et troubles. — L'amande des prunelles contient deux sortes d'huiles, l'une grasse, sans odeur et l'autre essentielle et odorante. C'est la partie odorante qui communique à l'eau-de-vie de prunelles son cachet particulier et un arôme qui plaît à beaucoup de consommateurs.

Lorsque cette liqueur est blanchâtre, trouble, c'est qu'on n'a pas eu de soin de ménager le feu à la distillation, particulièrement à la fin de l'opération, car alors l'huile grasse au lieu de rester dans l'alambic se volatilise, vient se condenser dans le serpentin, et aussitôt qu'on ajoute le sirop de sucre à la liqueur, l'huile grasse, cesse d'être soluble, elle se divise en gouttelettes blanches qui troublent la transparence du liquide et qui même viennent surnager à surface en vertu de leur pesanteur spécifique.

Pour rendre la limpidité, il faut d'abord enlever l'huile qui surnage au-dessus de la liqueur, et ajouter à celle-ci une certaine quantité de bon alcool; l'aspect laiteux se dissipe peu à peu; il ne reste plus alors qu'à filtrer avec dix grammes par litre de cendres de bois préalablement bien lavées par une ébullition dans l'eau et ensuite par un second lavage à l'eau fraîche... On obtient ainsi une liqueur irréprochable de goût et de blancheur.

LE KIRSCH, SES FALSIFICATIONS. — Pour le véritable amateur de kirsch, la dégustation est un moyen certain qui l'empêche d'accepter le faux pour le vrai; mais pour ceux qui n'ont pas l'habitude du kirsch naturel et qui désirent néanmoins être rassurés sur la nature du produit, il existe un moyen de reconnaître le kirsch véritable et de constater ses falsifications.

Le voici, d'après M. Desaga :

Après avoir rapé du bois de gayac, on en met un ou deux grammes dans un verre à liqueur, l'on verse par dessus une petite quantité de kirsch suspect et l'on remue quelques instants. S'il est pur, on le voit prendre une belle couleur bleue d'indigo, qui disparait complétement au bout d'une heure.

Si le kirsch est mêlé d'alcool, la couleur n'atteint que le bleu pâle et se dissipe beaucoup plus promptement.

Le faux kirsch fabriqué avec du trois six et de l'huile essentielle d'amandes amères, ou de laurier cerise ou par l'infusion de noyaux de cerises dans l'alcool, ne prend sur le gayac qu'une teinte jaunâtre, mais ne bleuit pas.

Ces expériences peuvent se contrôler de la manière suivante : on verse dans une fiole une certaine quantité de kirsch et d'huile d'olive, qu'on laisse en contact intime avec le kirsch pendant douze heures au moins et que l'on a soin de bien agiter de temps en temps. On verse ensuite avec précaution l'huile surnageante et on laisse reposer pendant quelques minutes. Si le kirsch est pur, l'huile ne prend aucune odeur, car le principe volatil formé par la distillation ne se sépare dans aucun cas du produit.

Si le kirsch est falsifié, s'il n'est préparé que par un simple mélange, il cède à l'huile d'olive son principe odorant, qui y reste combiné après la décantation.

Moyen d'empêcher la coloration du kirsch dans les futs. — Tous les liquides enfermés dans des vaisseaux en bois contractent de la couleur en y séjournant.

Cette couleur provient de la dissolution des matières extractives du bois. Le bois est composé de cellulose qui en forme la partie solide la plus résistante et de diverses substances qui incrustent la cellulose de toutes parts.

Les matières incrustantes, composées de gommes, de résines, de tannin, de sels, de corps gras etc., sont plus ou moins solubles.

Tandis que la cellulose est parfaitement blanche et résiste, les matières incrustantes sont attaquées par les liquides, se dissolvent et y introduisent quelques uns de leurs caractères particuliers, dont le plus apparent est la couleur.

En laissant séjourner de l'eau-de-vie dans des fûts, elle prend une couleur jaune ambrée qui devient d'autant plus intense que le contact et le séjour sont plus longtemps prolongés. Le bois neuf colore plus fortement que le bois qui a déjà contenu des liquides. Cette couleur qui est le signe de la vieillesse de l'eau-de-vie contribue à lui donner un goût particulier qui en améliore la qualité. Tous les bois ne possèdent pas les mêmes propriétés; il est bien connu de vieille date, que les tonneaux fabriqués avec du bois de chêne du Limousin, du département de la Corrèze spécialement, sont les meilleurs pour loger, vieillir et améliorer les fines eaux-de-vie de Cognac.

Cette propriété tient à la nature particulière des matières extractives de ce bois.

Quelques-unes de ces matières incrustantes sont solubles dans l'ether et l'alcool concentré; ce sont les matières grasses et résineuses. D'autres se dissolvent mieux dans l'eau ou l'alcool affaibli, comme les sels, les matières gommeuses et divers acides organiques.

Cette différence de solubilité explique comment un fût coloré de l'eau-de-vie ou du kirsch à 50 degrés, tandis que l'alcool concentré à 90 degrés s'y conserve sans coloration.

Ce qui est un avantage pour l'eau-de-vie, est un inconvénient grave pour le kirsch.

Le kirsch est une liqueur spiritueuse, incolore comme l'eau, la moindre teinte, la plus légère coloration lui porte préjudice dans l'opinion des consommateurs.

Pour le conserver sans le colorer, on est obligé de loger le kirsch dans des vaisseaux en verre ou en grés; quelquefois on le met dans des fûts en bois blanc, comme le frêne; mais il finit par s'y colorer.

Cependant le kirch gagne beaucoup de qualité en vieillissant dans le bois, comme toutes les boissons spiritueuses ; aussi les fabricants doivent-ils rechercher les moyens de le conserver dans des fûts en bois incapables d'en altérer la blancheur.

Puisque les matières incrustantes du bois sont cause de la couleur que les futailles communiquent au kirsch, il faut, autant que possible, les extraire, et voici les moyens qui nous semblent devoir réussir.

Prenons d'abord de préférence des pipes ayant contenu de l'alcool du Nord ou du Midi de 87 à 95 degrés, parce que l'alcool a déjà emporté quelque peu des matières grasses et résineuses.

Il faut ensuite soumettre les pipes à des lavages successifs, copieux et énergiques.

Ces lavages se font dans l'ordre suivant :

1° Avec une dissolution bouillante, étendue de soude caustique ;

2° Avec de l'acide chlorhydrique dilué ;

3° Avec de l'eau bouillante ;

4° Avec de l'eau fraîche ;

5° Avec de l'alcool.

Pour une pipe de 6 à 7 hectolitres de capacité, on prend trois kilogrammes de lessive de soude caustique à 35 degrés, sur laquelle on verse 60 litres d'eau bouillante.

Le lavage à l'acide se fait avec 3 kilogrammes d'acide chlorhydrique du commerce et 60 litres d'eau.

Pour les lavages à l'eau chaude et à l'eau froide on en emploie un hectolitre. Le dernier lavage se fera avec 15 à 20 litres d'alcool bon goût, qu'on aura soin de bien recueillir.

A chaque lavage on roulera, on agitera le fût dans tous les sens, afin que les agents de dissolution des matières extractives puissent les atteindre partout.

Les premiers lavages devront durer plusieurs heures, afin que la pénétration du bois ait le temps de s'opérer. On ne négligera pas le soin d'égoutter le fût avant de procéder au lavage qui devra suivre.

Une première opération peut n'être pas suffisante; il ne faudra pas se décourager, et l'on devra recommencer tous les lavages avec les mêmes précautions.

Ces soins sont dispendieux, mais ce n'est qu'à ce prix qu'on parviendra à se procurer de la futaille qui ne colorera pas le kirsch, dont la parfaite blancheur est considérée comme une qualité essentielle.

Autre procédé. — A Fougerolles, Luxueil et St-Loup, pays des bons kirschs, on se sert de bois de frêne pour la confection des fûts à kirsch, après lui avoir fait subir une étuve. La plupart des fabricants complètent ces soins en étendant une couche de cire dans l'intérieur des fûts. Cette dernière opération pourrait être utile, sinon nécessaire, aux futailles préparées par les moyens ci-dessus indiqués.

KIRSCH DE COMMERCE SE COLORANT EN BLEU. — Le kirsch n'est que de l'alcool mélangé d'eau, d'essence de cerises, d'une combinaison de cyanogène, d'éthers, d'acides organiques et de carbures d'hydrogène liquides ou gazeux, qui se trouvent dans la distillation de tous les produits fermentés.

Le cyanogène forme des combinaisons diverses avec les corps qu'il rencontre, soit dans la fermentation des jus de fruits à noyau, soit pendant leur distillation. Si, par exemple, comme dans le cas de la fabrication du kirsch de commerce, il se trouve dans l'alcool employé des matières étrangères, ayant de l'affinité pour le cyanogène, ces corps s'uniront à lui et formeront une combinaison nouvelle. C'est cette combinaison nouvelle, qui imprime au kirsch du commerce sa coloration bleuâtre et son mauvais goût.

Pour prévenir de semblables résultats, nous croyons qu'il faut tout d'abord changer d'alcool, en employer de plus neutre, entièrement exempt d'odeur ; distiller avec précaution de manière à ne pas exagérer la pression intérieure, qui réagit sur les matières en distillation ; s'assurer qu'il n'existe nulle part dans les appareils distillatoires, aucune parcelle de fer, capable de communiquer aux produits la teinte bleue, qui se manifeste au contact d'une dissolution de cyanure avec un sel ferreux.

Kirsch a odeur putride. — Le cas est rare, mais lorsqu'il se présente, nous conseillons la distillation avec un sel acide. Pour cent litres de kirsch par exemple, on fera fondre 200 grammes d'alun du commerce dans un litre d'eau bouillante, qu'on versera ensuite dans le kirsch, en agitant bien le mélange ; après vingt-quatre heures de contact, on procédera à une distillation bien ménagée. On peut essayer sur une quantité inférieure à 100 litres de kirsch, afin de bien se rendre compte de la quantité d'alun nécessaire à l'opération ; pour le cas où 200 grammes ne suffiraient pas, on en emploiera 300 grammes et plus par hectolitre de kirsch.

Absinthe mélangée de rhum. — Ce cas est accidentel et ne peut se produire que par erreur. Le rhum ajouté à l'absinthe donne à cette dernière boisson une saveur qui ne plaît pas à tout le monde; pour faire disparaître l'odeur du rhum, il faut faire avec le mélange une nouvelle macération et infusion des ingrédients d'absinthe et couvrir le tout d'eau-de-vie à 50 degrés, jusqu'à ce que la senteur du rhum ait disparu, ce qui devra arriver infailliblement et assez promptement.

Genièvre qui se colore en bleu dans les futs. — La blancheur est une qualité essentielle du genièvre, il faut donc conserver ce liquide, ainsi que nous le conseillons pour le kirsch, dans des futs en bois de frêne bien épurés et dépouillés de leurs matières solubles, au moyen de lavages successifs avec une solution de soude, avec de l'acide chlorhydrique, étendu de dix fois son volume d'eau, puis ensuite avec de l'alcool et enfin avec de l'eau bouillante à laquelle succède un dernier rinçage à l'eau froide. Ces lavages dispendieux n'empêchent pas le liquide d'y contracter à la longue une légère nuance ambrée, qui cependant ne devient jamais d'un jaune d'or.

Mais si le genièvre devient bleu, en séjournant dans des tonneaux en bois de chêne, cela tient uniquement à un vice de fabrication de la liqueur et ensuite à une défectuosité de l'appareil à distiller.

Les moûts de grains, qui servent à fabriquer le genièvre sont traités par le malt et leur mise en fermentation pêche souvent par insuffisance d'acidité. L'absence d'acidité nécessaire, permet aux matières en travail de dégager des vapeurs alcalines et ammoniacales. Ces principes ammoniacaux attaquent le cuivre des appareils et le cuivre devenu soluble est emporté par l'alcool ou le genièvre qui finit ainsi par se colorer en bleu.

Pour prévenir la coloration bleue du genièvre, il convient de n'employer que des appareils bien étamés et de substituer des serpentins d'étain aux serpentins de cuivre qui servent à condenser les vapeurs alcooliques et à rafraîchir les liquides résultant de cette condensation. Pour que la blancheur du genièvre ne soit pas altérée, il faut également éviter de le mettre en contact avec du fer, parce que la moindre parcelle d'oxyde de fer entraînée par la liqueur dans les fûts, s'y combine avec les principes résineux du bois, avec le tannin particulièrement et donne lieu à une teinte bleue ou noire plus ou moins foncée.

INFUSION ALCOOLIQUE DE GENIÈVRE DEVENU TROUBLE PAR LA RÉDUCTION AVEC DE L'EAU. — MOYEN DE CLARIFICATION. — Il arrive souvent qu'en ajoutant de l'eau pour réduire l'infusion, la quantité d'alcool n'est plus suffisante pour dissoudre les huiles essentielles; alors le liquide se trouble, devient opaque et quelquefois laiteux, à la manière de l'eau de Cologne à laquelle on ajoute de l'eau. Ce phénomène tient à ce que l'eau, s'emparant de l'alcool pour lequel elle a beaucoup d'affinité, les huiles essentielles ne sont plus entièrement dissoutes, une partie n'est qu'en l'état de mélange et en suspension dans le liquide, elles y flottent et deviennent visibles.

Fréquemment quand on dédouble les esprits d'anis pour la confection de l'anisette commune, le même phénomène se produit. Dans un cas comme dans l'autre, il est facile de remédier à cet inconvénient. Il suffit d'augmenter le degré de spirituosité du liquide, en y ajoutant un peu d'alcool fort, jusqu'à ce qu'on soit arrivé à un état de transparence parfaite.

Dans le cas des anisettes qui blanchissent, si la question d'économie défend d'ajouter de l'alcool, on peut leur enlever l'état laiteux en les filtrant avec une légère addition de cendres de bois, bien lessivées, et de noir animal fin.

ANISETTE TROUBLE DIFFICILE A CLARIFIER. — L'anisette doit son goût et son arôme à une huile essentielle, aromatique et chaude, qui se trouve dans la badiane, comme dans les semences d'anis et de fenouil. C'est cette essence qui fait le caractère distinctif de l'anisette et qui joue un grand rôle dans

l'extrait d'absinthe. Cette huile essentielle est très soluble dans l'alcool et peu soluble dans l'eau-de-vie
faible et dans l'eau. Exposée au froid, cette huile se
congèle et se met en suspension dans le liquide, quelquefois sous forme de petites paillettes brillantes,
quelquefois sous forme de globules dont le nombre
et la petitesse constituent une espèce de nuage qui
rend l'anisette et l'anis nuageux et troubles. Ce petit
défaut se corrige très facilement en exposant ces
liquides à une douce température, et en les conservant à l'abri du froid.

A une température au dessus de 15 degrés du
thermomètre centigrade, l'anis peut demeurer trouble, être louche et laiteux. Ce défaut peut tenir à
deux causes : la première, à un manque de degré
alcoolique, la seconde, à un excès de badiane et
d'eau.

Si l'anis a été troublé par l'action du froid, il suffira, comme nous le disons plus haut, de le placer
dans un lieu tempéré pour qu'il acquière la limpidité nécessaire.

Dans le cas où cet anis n'aurait qu'un faible degré
alcoolique, et que par suite l'huile essentielle de
badiane incomplètement dissoute n'existerait qu'en
suspension dans le liquide, sous forme de globules
opaques et laiteux, on devra augmenter la force
spiritueuse de la liqueur par une addition de bon
alcool fort, dans des proportions convenables. On
peut opérer sur un litre, par exemple, et y ajouter
successivement un, deux, trois centilitres, ou plus s'il
est besoin, d'alcool. On agitera le mélange après chaque addition. Dès que l'anis aura acquis le degré
de force spiritueuse suffisante pour dissoudre l'huile

de badiane, le liquide deviendra clair et transparent.

Si l'état trouble de l'anis provenait d'un excès de badiane et d'eau ; en d'autres termes, si la proportion des principes de la badiane, n'était pas en rapport avec les quantités d'alcool et d'eau employés, et si la badiane dominait trop, il faudrait alors allonger la liqueur avec une quantité convenable de bon alcool, réduit au degré marchand de l'eau-de-vie anisée ; et la couleur comme le goût de la liqueur, se trouveraient ramenés aux conditions qui rendent l'anis de qualité marchande et agréable au goût des consommateurs.

DISTILLATION DES MARCS, LEUR RECTIFICATION. — Pour retirer du marc de raisin des eaux-de-vie de bonne qualité, dit M. Lebœuf, il faut distiller, soit à la vapeur, soit au bain-marie et extraire les huiles essentielles qui infectent ces eaux-de-vie. Si on ne peut procéder par la vapeur ou au bain-marie, il faut au moins extraire les huiles essentielles. A cet effet, on doit opérer comme suit :

Pour 100 litres de petites eaux-de-vie de marc à 30 ou 35 degrés centésimaux, prenez : 300 grammes de chaux vive et 3 litres d'eau.

Délayez la chaux dans l'eau, ajoutez-y quelques litres de petites eaux pour en faire un lait de chaux, jetez le tout dans les 100 litres de petites eaux et agitez pour opérer le mélange ; laissez en repos pendant vingt-quatre heures. Le but de cette opération est de séparer les huiles essentielles de l'eau-de-vie et de les faire monter à la surface. Cela fait, on les enlève en promenant une poignée de plumes sur le liquide.

Quand ces plumes sont bien imprégnées, on les presse entre les doigts et on recueille ces huiles dans un vase pour les vendre.

A l'aide de ce moyen, on obtient une eau-de-vie bien supérieure et d'une vente plus facile.

TROIS-SIX QUI BLANCHIT AU DÉDOUBLAGE. — Il n'est pas rare de rencontrer des alcools, qui blanchissent par leur mélange avec de l'eau. Quelquefois la couleur est légèrement bleue, souvent elle est blanchâtre et un peu laiteuse. Diverses causes peuvent produire ce résultat qu'on peut attribuer au trois-six lui-même ou à l'eau employée à sa réduction. Les alcools, mal rectifiés, qui contiennent des huiles essentielles, ou des matières résineuses, blanchissent souvent au contact de l'eau. On adresse encore ce reproche aux trois-six qui ont été rectifiés avec le concours de la potasse et des matières alcalines, en vue de les dépouiller de la mauvaise odeur des flegmes. Si l'eau employée à la réduction contient des matières terreuses, particulièrement des sels calcaires, le coupage de l'alcool devient laiteux et blanchit. — Si on croit devoir attribuer la couleur laiteuse de l'alcool réduit, à la présence de la gomme ou de la gélatine, dont on avait préalablement enduit les parois intérieures du fût, un repos de quelques jours suffira à donner à l'eau-de-vie le degré de limpidité nécessaire. Les matières gommeuses réunies en flocons se précipiteront sous forme de lie et le liquide s'éclaircira.

Pour empêcher les alcools, même de bonne qualité, de blanchir à la réduction et d'avoir un reflet bleuâtre, il ne faut employer que de l'eau bien pure, telle que l'eau distillée ou de l'eau de pluie recucillie bien proprement. En proscrivant d'une manière absolue l'emploi des eaux calcaires, l'inconvénient est assez rare, à moins que l'alcool ne contienne des matières huileuses, dont la présence imperceptible dans du trois-six à fort degré, devient visible dans un mélange d'alcool et d'eau.

Il est une autre source de la couleur louche ou laiteuse des eaux-de-vie provenant du dédoublage ou réduction des alcools. Cette source se trouve dans le caramel de mauvaise qualité.

Pour amener les eaux-de-vie de vin, blanchâtres et laiteuses au degré de pureté et de limpidité nécessaire, il est utile de les soumettre à un collage effectué avec un bon clarifiant, aidé par des agents qui facilitent la précipitation de la colle.

CHAPITRE III

Guérison des Maladies et Altérations du Vinaigre

—

Vinaigre suspect. — Voici quelques moyens faciles de reconnaître si un vinaigre suspect est falsifié :

Une goutte de vinaigre de bonne qualité, jetée sur un morceau de papier blanc, ne laisse par l'évaporation aucune trace sensible ; mais s'il contient de l'acide sulfurique, la tâche noircit et elle jaunit si ce vinaigre a été additionné d'acide nitrique. Le papier blanc de tourne-sol rougi par le vinaigre, mis à sécher, passe insensiblement au violet ; mais s'il a été additionné d'un acide minéral, la couleur rouge persiste indéfiniment.

Tout vinaigre suspect mis à évaporer à siccité, dans une cuillère d'argent, avec un fragment de carbonate de soude et qui, calciné, laissera dégager une odeur empyreumatique, peut être considéré comme contenant de l'acide acétique, provenant de la distillation du bois, et quelque bien rectifié qu'il ait été, le procédé que nous indiquons décélera la présence de cet acide, n'entrât-il dans le mélange que dans la proportion de cinq pour cent.

Autre procédé. — Certains fabricants se permettent, en vue de donner au vinaigre plus de force, d'y ajouter de petites proportions d'acide sulfurique. On y a même constaté la présence d'acide chlorhydrique. Bien que ces substances à l'état très étendu n'exercent aucune influence sensible sur l'économie, il n'est pas moins vrai qu'elles peuvent occasionner des troubles plus ou moins graves, quand elles y sont mêlées en proportions notables. Le moyen de se convaincre de la présence de ces produits étrangers est d'une grande simplicité :

Vous prenez quelques cuillerées de vinaigre dans un verre à vin, ou mieux un verre à champagne (flute), vous y ajoutez quelques gouttes (vingt gouttes environ) d'une dissolution de chlorure de barium. Un trouble légèrement laiteux indique la présence de l'acide sulfurique en petite proportion ; un précipité en constate la présence en quantité plus considérable.

Quant à l'acide chlorhydrique, les manipulations à suivre sont les mêmes. Seulement, au lieu de se servir de l'agent dont nous venons de parler, on ajoute au vinaigre d'abord quelques gouttes d'acide nitrique, puis on remue, pour ajouter ensuite un peu d'une dissolution de nitrate d'argent ; un précipité blanc caillebotté indique la présence de l'acide chlorhydrique.

VINAIGRE TEINTÉ. — Pour blanchir les vinaigres teintés soit par accident, soit par toute autre cause, il faut brûler une mèche soufrée dans chaque fût de vinaigre, après en avoir tiré trois ou quatre litres, puis fermer hermétiquement, afin de concentrer dans le liquide le gaz acide sulfureux, qui a pour effet de le blanchir. On passera ensuite ce vinaigre sur du noir animal et comme l'opération aura fait perdre au liquide un peu de sa force, on le remontera à l'aide de quelques litres de bon vinaigre blanc : dix litres, par exemple pour un hectolitre.

VINAIGRE ROUGE A BLANCHIR. — Lorsqu'on se propose de blanchir du vinaigre rouge, il faut faire usage de noir ou charbon végétal, dont la proportion sera en raison de la couleur plus ou moins intense du vinaigre à décolorer. Après le mélange du charbon, réduit en poudre fine, on fouettera énergiquement le liquide, puis on le laissera reposer pendant trois ou quatre jours.

Nous conseillons de faire des essais préalables sur un ou deux litres afin de se rendre compte exactement de la quantité de charbon à employer.

VINAIGRE QUI NOIRCIT. —. La couleur noirâtre qui ternit parfois le vinaigre est due à la présence d'un sel de fer combiné avec l'acide quercitannique de la futaille. La présence du fer provient dans ce cas d'un morceau de fer quelconque, d'un clou tombé accidentellement dans le fût, ou du contact du vinaigre avec un ustensile de fer, un entonnoir rouillé, par exemple. Dans un cas semblable, le contact de l'air, en oxydant plus fortement ce tannate de fer, en avive la couleur et communique au vinaigre une légère teinte d'encre.

Les causes de cette mauvaise coloration étant connues, il est facile de s'y soustraire en n'employant dans la manipulation du vinaigre que des fûts qui ont précédemment contenu d'autres liquides et en ne faisant jamais usage de vases métalliques, mais bien plutôt d'entonnoirs et de tuyaux en gutta-percha, substance inattaquable par les acides.

Voici maintenant le traitement à suivre pour guérir un vinaigre qui noircit.

Pour une pièce de 200 à 220 litres, il faut prendre 500 grammes de braise de boulanger, ou charbon végétal bien brûlé, la débarrasser des cendres et la réduire en poudre impalpable, en la criblant au tamis de soie, au moment où elle sort du mortier dans lequel elle aura été pilée.

On incorpore ensuite cette poudre dans deux ou trois litres de vinaigre et on introduit le mélange, par la bonde du tonneau. On agite bien, on roule au besoin la pièce, afin que le charbon pénètre intimement dans le liquide. On laisse reposer pendant 24 heures ; le lendemain on colle.

Au bout de quelques jours, selon l'état de pureté de l'atmosphère, la gélatine entraîne avec elle dans la lie, la poudre de charbon et la matière colorante du vinaigre, qui cesse alors d'avoir un aspect noirâtre, tout en gagnant de la franchise et de la pureté de goût.

CLARIFICATION DU VINAIGRE. — Lorsque pour faire du vinaigre, on agit sur un chapeau de vendange, conservé dans un fût à l'abri du contact de l'air, on obtient, à la sortie du pressoir, un liquide louche et trouble, qu'on chauffe alors pendant quelques minutes jusqu'au degré de l'ébullition, dans un vase en terre non vernissé, puis on en emplit un fût bien propre, en ayant soin de n'en pas boucher le trou de bonde. La chaleur a pour objet de coaguler les impuretés et de tuer les germes des mycodermes et ferments. Par

le repos, ce vinaigre nouveau se clarifie et il est ensuite versé par dix ou quinze litres à la fois dans le fût
contenant le vinaigre fait de l'année précédente. En
versant du vin ou du vinaigre jeune dans le fût d'a-
cétification rempli de vinaigre vieux aux trois quarts
de sa contenance, il faut avoir soin de ne pas troubler celui-ci. On y parvient en introduisant le liquide
avec précaution au moyen d'un entonnoir dont la
douille pénètre au fond du tonneau. Chaque fois qu'on
verse dix ou quinze litres de vin dans le récipient vi-
naigrier, on en retire préablement une égale quantité de
vinaigre fait. Ce vinaigre fait n'est pas assez limpide,
il faut le loger séparément dans un bon fût, bien sain,
bien bouché, où par le repos sur des copeaux de hêtre,
il acquerra la limpidité nécessaire. On peut aussi coller le vinaigre, pour le clarifier, avec de la gélatine.

Le meilleur vinaigre se trouble et s'altère spontanément au contact de l'air, c'est pourquoi, il faut le
conserver dans des fûts, dans des bouteilles ou dans
des vases bien bouchés.

Vinaigres inclarifiables. — Lorsqu'on a des vinaigres, qui sont rebelles aux procédés de clarifica-
tions usuelles, on remplit aux deux tiers, un foudre
pouvant contenir douze hectolitres, ou de plus petits
vaisseaux, si l'on n'a pas de foudre, avec des copeaux
de hêtre bien nets. On verse ensuite le vinaigre trouble sur ce lit de copeaux, on le laisse séjourner cinq à
six jours, puis on le tire. Il devra alors être parfaitement clair et limpide. Dans le cas où il resterait encore un peu louche, en le filtrant au noir végétal, on
l'obtiendrait non seulement très brillant, mais encore
d'un goût plus affiné.

Autre procédé. — Un excellent moyen de clarification, lorsqu'on possède des vinaigres troubles, c'est d'y verser soixante-quinze centilitres de lait bouillant par hectolitre, de bien remuer et de laisser précipiter. Mais ce procédé ne peut réellement être employé que là où il est possible de se procurer du lait pur. A Paris, la chose est difficile, surtout en été, ou pour empêcher le lait de tourner, on y ajoute des quantités plus ou moins grandes de bi-carbonate de soude et autres substances interlopes. Mais, en province, ce genre de clarification est chose plus facile et mérite d'être essayé.

Autre procédé. — A défaut de lait, on peut encore traiter les vinaigres inclarifiables, par le *Conservateur.* (*Voir ce mot à la table*).

Il suffit de 30 grammes de *Conservateur* par hectolitre de vinaigre pour obtenir une clarification parfaite. Seulement vingt-quatre heures après l'addition du *Conservateur*, il est nécessaire, si l'on veut obtenir un prompt résultat, de coller légèrement au moyen de 15 grammes de gélatine par hectolitre. On obtient ainsi du vinaigre d'une belle couleur ambrée et d'une parfaite limpidité.

CHAPITRE IV

Conservation et Désinfection des Vases vinaires

Assainissement des futailles. — Avant de loger du vin ou un liquide quelconque destiné à l'usage de la table, il faut bien vérifier l'état des foudres et des tonneaux. On commence par enlever les dépôts solides ou liquides, qui existent dans ces vaisseaux. Pour cela on a recours à l'emploi de la brosse de chiendent avec laquelle on frotte les parois intérieures des foudres ou des tonneaux préalablement défoncés. On brosse énergiquement, on gratte au besoin, de manière à détacher tous les dépôts adhérents au bois. On rince ensuite plusieurs fois avec de l'eau chaude ou froide et, dans la plupart des cas, le moyen est suffisant.

Mais si après le grattage et le brossage intérieurs, les fûts conservent encore une mauvaise odeur ou un mauvais goût, il faut alors avoir recours, à l'un des procédés indiqués ci-après :

1° Nettoyer avec trente litres d'eau où l'on a fait dissoudre 2 kilogr. de chaux vive ; quelques heures après, rincer avec de l'eau froide, ensuite avec deux litres de vin.

2° Mécher le fût, puis rincer à l'eau chaude ; ensuite humecter les parois d'eau-de-vie.

3° Si l'intérieur du fût est tapissé de dépôt de lie séchée, on enlèvera ce dépôt en rinçant le tonneau avec cinq litres d'eau bouillante, dans laquelle on aura dissous 60 grammes de bi-sulfate de chaux. Après le rinçage, on laissera sécher pendant un jour, puis on rincera de nouveau avec cinq litres d'eau et 250 grammes de sel de cuisine ; enfin on laissera sécher.

Cette dissolution enlève les moisissures, qui sont un dangereux voisinage pour les vins, en y introduisant des ferments putrides et parfois vénéneux.

Autre procédé. — Pour nettoyer un tonneau moisi, il faut bien le laver avec de l'acide sulfurique et du noir animal, puis le mécher fortement.

A cet effet, on verse dans le tonneau un seau d'eau bouillante, deux kilogrammes d'acide sulfurique, et on remue de manière à mêler les liquides, puis on ferme le tonneau et on agite en tous sens pendant une heure environ et par intervalles. Après ce temps, on enlève le liquide acide et on lave bien avec de l'eau ; une fois l'eau égouttée, on met dans le tonneau deux kilogrammes de noir d'os et deux seaux d'eau, puis on agite de nouveau le fût en le faisant tourner de manière à promener le liquide nouveau sur toutes les parois ; on égoutte ensuite, on lave deux fois avec de l'eau bien claire et on mèche. L'odeur est alors complétement enlevée et on peut en toute sécurité remettre du vin dans le tonneau.

DÉSINFECTION DES FUTAILLES. — Quelle que soit la cause de l'infection des tonneaux et des futailles, il est facile de les débarrasser de toute mauvaise odeur et à peu de frais.

La moisissure qui infecte profondement le bois des futailles, le goût d'évent et l'odeur de la lie putréfiée ne résistent pas au traitement que nous allons indiquer. Il en est de même des pipes qui ont contenu des flegmes de betterave et de l'alcool mauvais goût.

On verse dans le tonneau que l'on veut désinfecter et par l'ouverture de la bonde :

1° Sel de cuisine, 30 grammes ;

2° Péroxyde de manganèse en poudre, 20 grammes ;

3° Acide sulfurique concentré, 50 grammes ;

4° Un litre d'eau bouillante par dessus.

On ferme avec la bonde, qu'il faut assujettir fortement. On agite un peu, et on laisse la futaille en repos.

Ces quantités suffisent pour un tonneau de 100 à 220 litres ; si le tonneau est plus grand, il faut augmenter proportionnellement la quantité des agents désinfectants.

On laisse agir ces diverses substances pendant trois heures. Après ce temps, on ouvre la bonde du tonneau et l'on rince à plusieurs reprises avec de l'eau froide jusqu'à ce qu'elle sorte claire et sans aucune odeur.

Il est rare que le mauvais goût ou la mauvaise odeur, résiste à ce traitement ; cependant si le mauvais goût persistait encore, il faudrait renouveler l'opération de la même manière et après cette seconde désinfection, toute mauvaise odeur aura complétement disparu. Il est essentiel de bien faire le lavage à l'eau froide.

Autre procédé. — Pour désinfecter 6 ou 8 tonneaux, on prend :

Eau bouillante 24 litres ;

Sel marin 125 grammes ;

Acide sulfurique 1 litre ;
Potasse 30 grammes.

On fait du tout un mélange bien homogène, on remue pendant un quart-d'heure, de manière que tout le tonneau en soit lessivé ; ensuite, on transvase ce mélange dans les autres tonneaux, en agissant de la même manière que pour le premier. A mesure qu'on les vide, on les remplit d'eau propre et on les laisse ainsi pendant une nuit. Le lendemain les six ou huit tonneaux sont aussi désinfectés que s'ils étaient neufs.

Autre procédé. — Pour rendre saines des futailles moisies, il faut les débonder et les ventiler pendant quelques jours, au moyen de trous de foret. On verse ensuite dans chaque fût deux litres d'eau qu'on mélange de 120 grammes d'acide sulfurique par hectolitre. On agite avec soin ce mélange ; on vide, on passe un lait de chaux (cinq litres d'eau, un litre de chaux) ; on rince à grande eau, on égoutte, puis on mêche et on bouche la futaille, qui est alors en état de recevoir le vin, car elle est parfaitement exempte de tout mauvais goût.

Autre procédé. — Il arrive parfois que les tonneaux qui ont déjà servi, au lieu de conserver un bon goût vineux, comme ils le devraient, prennent un mauvais goût de fût, parce que la lie se gâte par le contact prolongé de l'air, lorsqu'ils sont vides, et quand ils ne sont pas bien bouchés, surtout pendant les chaleurs. Alors pour les désinfecter, on prend un ou deux kilogrammes de tan, qu'on délaie dans de la soude et on laisse séjourner pendant quatre ou cinq jours. On remue bien ensuite le tonneau.

Autre procédé. — Quand les tonneaux ont contracté une odeur de moisi, on les vaporise et on poursuit l'opération jusqu'à ce que la vapeur qui s'échappe du pourtour de la bonde, ne possède plus cette odeur de moisi. On lave alors à plusieurs reprises à l'eau ou mieux à l'eau acidulée avec de l'acide sulfurique.

Autre procédé. — On mélange ensemble :
Acide muriatique en poudre 75 grammes;
Eau 4 litres ;
Houblon 60 grammes.
On laisse bouillir pendant un quart d'heure, ou verse aussitôt après dans le tonneau infecté et alors toutes les mauvaises odeurs ont dû disparaître.

Autre procédé. — On défonce par un des côtés le fût altéré, on le lave intérieurement d'une manière énergique avec brosse et eau chaude. On le rince bien à l'eau froide et si ces lavages n'ont pas suffi à le purifier, on l'emplit de vendange ou de raisin préalablement écrasé, et on laisse la fermentation s'y accomplir à la manière accoutumée. La fermentation a pour effet de développer les causes de l'infection de la futaille, de les atteindre, de les neutraliser ou de les dégager sous forme gazeuse. Lorsque la fermentation du raisin est terminée, et le vin bon à tirer le fût est entièrement guéri. Le fond du tonneau qui a été enlevé pour faciliter le nettoyage intérieur, doit être soumis au même lavage et ses douelles bien propres et divisées, doivent plonger dans la vendange pendant tout le temps de son ébullition. Après en avoir retiré le vin et le marc de raisin, on rince le fût à l'eau froide, on le remonte et il est alors dans de bonnes conditions pour contenir du vin.

Le vin qu'on retire des fûts infectés et guéris par la fermentation du raisin n'est pas altéré. Il n'a ni l'odeur, ni le mauvais goût de la futaille.

MÓYEN DE FAIRE PASSER LE GOUT DE BOIS AUX TONNEAUX NEUFS. — Pour empêcher les fûts neufs de communiquer le goût de bois aux liquides qu'ils doivent contenir, on fait macérer avec un peu d'eau chaude de petits copeaux de chêne imprégnés d'alcool bon goût, et on jette cette infusion dans le tonneau en ayant soin de le rouler de manière à ce que les parois en soit complétement lessivées.

On peut encore passer ces fûts à une lotion d'eau étendue d'acide sulfurique.

Enfin on parvient également à faire passer le goût de bois des fûts neufs, en brûlant dans leur intérieur de l'alcool au moyen d'une mèche d'amiante qui en est imbibée et en versant ensuite dans le tonneau une décoction de feuilles de pêcher qu'on y laisse séjourner pendant quelques jours.

DÉGORGEMENT DES FUTS NEUFS. — A la veille du soutirage des vins en cuve, si l'on a des fûts neufs à emplir, on débonde et on verse dans chaque barrique de 5 à 10 litres d'eau bouillante, puis on referme hermétiquement la bonde et on rince en agitant dans tous les sens. L'eau bouillante et la vapeur d'eau, dilatant par la chaleur l'air contenu dans la barrique, pénètrent dans les pores du bois et s'insinuant dans les moindres fissures, permettent de reconnaître jusqu'aux plus petites défectuosités. Après avoir ainsi rincé les barriques on jettera l'eau qui sera alors très chargée de principes solubles avant qu'elle se refroidisse entièrement; on fera subir ensuite aux barriques un nouveau rinçage à l'eau froide et on les mettra à égoutter. Avant de les emplir, surtout si elles sont destinées à loger de grands vins rouges, on humectera leurs parois intérieures avec un verre de vieil Armagnac, en ayant soin d'agiter afin que toutes les parties soient bien imprégnées.

Tonneaux aigres. — Si un fût a le goût d'aigre, il faut y verser cinq litres d'eau bouillante et ajouter ensuite à cette eau 500 grammes de chaux vive et 100 grammes de potasse. On roule le fût deux fois par jour, pendant quatre jours et on jette cette eau saturée de chaux et de potasse. On rince ensuite à l'eau froide qu'on laisse encore séjourner quelques heures, on fait égoutter et on emplit.

Tonneaux moisis. — Si on possède des fûts moisis, on doit y verser d'abord un quart de litre d'acide sulfurique avec un demi litre d'eau : On roule, on laisse reposer quelques jours, puis on roule de nouveau et on ajoute 300 grammes de chaux et cent grammes de potasse. On rince ensuite à l'eau froide qu'on laisse séjourner quelques heures, le rinçage est préférable, lorsqu'il se fait à la chaîne. Ensuite on passe encore de l'eau bouillante, puis de l'eau froide, on fait égoutter pendant vingt-quatre heures, et on s'assure par l'odorat si le tonneau a perdu tout mauvais goût; si le fût conserve encore la plus légère odeur, il faut le rejeter; dans le cas contraire, on peut, sans crainte, soutirer dedans.

Foudres et futailles ayant contenu du rhum. — Le goût et l'odeur caractéristiques du rhum sont très difficiles à enlever, lorsqu'ils ont pénétré dans l'intérieur du bois de la futaille. Un lavage avec de l'eau-de-vie est insuffisant et doit être suivi de plusieurs lavages successifs. Il est reconnu qu'un premier lavage emporte cinquante centièmes de la matière qui fournit l'odeur dont on veut se débarrasser ; le deuxième lavage en enlève vingt-cinq centièmes, le troisième ne prend que 12 centièmes et demi ; le quatrième six centièmes, le cinquième lavage enfin trois centièmes. Ce partage des matières solubles est à peu près constant. Il indique la nécessité de laver six fois le vaisseau entaché de l'odeur et du goût de rhum.

L'emploi d'agents chimiques, doués d'une grande énergie, est plus efficace, surtout lorsqu'il s'agit d'un vase vinaire d'une grande capacité, mais il demande aussi des soins répétés plusieurs fois. Le chlore jouit de la propriété de détruire les odeurs. Ainsi, dans un foudre de cinquante hectolitres, par exemple, ayant contenu du rhum, on verse un kilogramme de sel marin, un kilogramme de péroxyde de manganèse en poudre fine, un kilogramme d'acide sulfurique du commerce et par-dessus dix litres d'eau bouillante. On ferme de suite la bonde du foudre avec la précaution de l'assujettir solidement, on agite pour mettre en contact tous les agents chimiques. De suite l'acide sulfurique attaque le manganèse et le sel marin, et fait dégager une grande quantité de chlore gazeux, qui pénètre dans le bois et détruit les matières odorantes qui s'y trouvent. Après douze heures, on ouvre la bonde du foudre avec précaution, parce que cette bonde soumise à la force expansive du gaz, est quelquefois projetée, avec violence, loin du fût.

Le foudre ayant sa bonde ouverte, le gaz non absorbé s'en échappe. On fait ensuite écouler le liquide contenu dans le foudre, on le rince plusieurs fois à l'eau chaude et en dernier lieu avec de l'eau froide pour enlever l'odeur du chlore. Si l'odeur chlorique persistait, on s'en débarrasserait par un lavage avec 500 grammes d'acide sulfurique étendu dans dix litres d'eau froide. Après l'emploi de l'acide sulfurique, un rinçage à l'eau froide devient nécessaire.

Lorsqu'on peut disposer d'un filet de vapeur d'eau, la désinfection est bien plus rapide et plus simple, il suffit d'introduire à l'aide d'un tube de plomb ou de caoutchouc, de dix millimètres de diamètre, descendant à quelques centimètres du fond du foudre un faible jet de vapeur. Le tuyau conducteur de la vapeur passe par la bonde qui reste ouverte; la vapeur arrivant au fond du foudre se répand dans tout l'intérieur, pénètre dans le bois et sort en partie par la bonde ouverte, tandis qu'il s'en condense un peu, qui se réunit au fond du vaisseau à l'état liquide. On laisse la vapeur circuler dans le foudre pendant trente à quarante minutes. L'opération est alors terminée, il ne reste plus qu'à rincer une fois ou deux le foudre avec quelques seaux d'eau fraîche.

La désinfection par la vapeur nous a toujours réussi.

Désinfection de futs ayant contenu du vermouth. — Tout ce que nous avons dit au sujet de la désinfection des fûts ayant contenu du rhum, peut s'appliquer à la désinfection des fûts ayant contenu du vermouth. (Voir page 93.)

Fut ayant contenu de l'absinthe. — Il est très

difficile de faire disparaître complètement le goût et l'odeur de l'absinthe d'un fût qui en est bien pénétré. Nous conseillons cependant l'emploi des moyens suivants :

Lavez le fût à l'eau chaude bien copieusement et après avoir vidé la première eau de lavage, ajoutez dans le fût : Eau froide dix litres, plus acide sulfurique du commerce deux litres. Evitez de se tenir à proximité de la bonde du fût pendant le mélange de l'acide et de l'eau, parce que l'acide tombant sur l'eau entre en ébullition, se projette violemment et pourrait brûler très grièvement la personne qui opérerait le mélange. On roule le fût dans tous les sens, on laisse reposer sur les deux fonds, ainsi que sur chacune des parties de la futaille, pendant plusieurs heures, afin que l'acide pénètre partout dans le bois. Ensuite on vide le fût et on rince copieusement à l'eau froide.

Un second moyen, si on peut le pratiquer, consiste à tourner le fût sur sa bonde contre terre et à y introduire un jet de vapeur d'eau, venant d'un générateur chauffé à 3 ou 4 atmosphères. On laisse entrer librement la vapeur dans le fût pendant 30 minutes et après ce temps on lave le fût à l'eau froide, il est, ordinairement assez bon, alors pour contenir des liquides sans les infecter.

Nous n'oserions toutefois y loger des eaux-de-vie fines, il serait plus prudent d'y loger des eaux-de-vie communes, et ensuite des eaux-de-vie de bonne qualité.

DU LOGEMENT DES EAUX-DE-VIE DANS LES FUTS A BITTER. — Les fûts ayant contenu du bitter doivent être lavés à l'eau bouillante, dans laquelle pour dix litres, on aura versé cinq cents grammes d'acide sulfurique. Il convient d'agiter le fût dans tous les sens et de laisser l'eau acidulée en contact avec le bois pendant quelques heures. On lavera copieusement une seconde fois à l'eau chaude, on laissera reposer pendant deux ou trois heures et on rincera enfin plusieurs fois à l'eau fraîche.

Si l'on disposait de la vapeur d'un générateur, il serait préférable d'en introduire un filet dans le fût renversé sur sa bonde, pendant quinze minutes et de rincer à l'eau froide ensuite.

Malgré ces lavages répétés, nous n'oserions conseiller de loger des eaux-de-vie de cognac dans des fûts entachés de l'odeur du bitter. Pour des eaux-de-vie communes, cela nous paraît sans danger, si les lavages à l'acide ont été faits convenablement.

Assainissement des futs ayant contenu du miel. — Les fûts ayant contenu du miel sont faciles à débarrasser du goût et de l'odeur caractéristiques qu'on leur reproche. Il faut d'abord opérer un lavage copieux à l'eau bouillante pour dissoudre le miel adhérent aux parois des futailles, rejeter cette eau et procéder à un second lavage, toujours à l'eau bouillante et rouler le tonneau dans tous les sens pour que le liquide atteigne toutes les parties intérieures. Si ce deuxième lavage était insuffisant, on en ferait un troisième avec de la soude caustique étendue d'eau bouillante, dans la proportion d'un kilogramme de lessive de soude pour vingt litres d'eau. Avec dix litres de ce mélange dans le fût, on rincera vivement et on laissera agir la solution de soude pendant quelques heures; après refroidissement, on laissera écouler, et on lavera encore le fût à l'eau chaude pour lui enlever toute trace de soude.

A défaut de soude caustique, on peut se servir de potasse d'Amérique. Une bonne lessive faite avec de la cendre de bois aurait probablement une certaine efficacité pour enlever l'infection causée par le miel.

Si après avoir lavé une fois le fût à l'eau chaude, on pouvait y introduire pendant 10 à 15 minutes un mince filet de vapeur ; l'odeur et le goût dont on veut débarrasser la futaille ne tarderaient pas à disparaître.

La vapeur à faible pression est un moyen d'assainissement de toute efficacité, quelque soit la cause de la mauvaise odeur et du mauvais goût de la futaille.

Dans la plupart des cas, les lavages à l'eau bouillante et à l'eau bouillante saturée de soude caustique, de potasse d'Amérique ou même de cendres de bois suffisent ; dans les plus mauvaises circonstances l'application de la vapeur réussit toujours.

ASSAINISSEMENT DES FUTS AYANT CONTENU DU VINAIGRE. — Les fûts qui ont contenu du vinaigre sont imprégnés d'acide acétique qui pénètre parfois jusqu'au cœur du bois.

Mais l'acide acétique ayant beaucoup d'affinité pour les bases salifiables, il est facile de le saturer à peu de frais.

Il faut d'abord bien rincer les fûts à l'eau chaude avant toute préparation, afin d'enlever le vinaigre adhérent aux parois intérieures.

Ensuite pour un quart à vinaigre dont la capacité

est d'un hectolitre, on prendra : 500 grammes de sous-carbonate de soude (cristaux de soude du commerce). On fera dissoudre les cristaux dans deux litres d'eau bouillante, et, après dissolution opérée, on versera ce liquide dans le tonneau à assainir. Il faut agiter et rouler le fût dans tous les sens, afin d'imprégner toutes les surfaces intérieures, de la solution de soude. On renouvellera plusieurs fois cette manœuvre, pendant vingt quatre heures.

En raison de son affinité pour l'acide acétique, la soude, obéissant aux lois de l'endosmose, passera dans le bois du fût et saturera d'acide le vinaigre qu'elle rencontrera. Il y aura formation d'acétate de soude.

L'acétate de soude est très soluble dans l'eau, mais plus facilement à chaud qu'à froid : C'est pourquoi, il faudra verser ensuite quelques litres d'eau bouillante dans le tonneau pour le débarrasser de l'acétate de soude. Pour que cette opération soit complète, il est préférable de faire deux lavages à l'eau chaude, en ayant soin de bien rouler le fût, et d'y laisser séjourner l'eau pendant quelques heures ; un dernier lavage à l'eau froide terminera l'assainissement.

Pour la bonne conservation du fût assaini, il suffira de le laisser égoutter, sécher intérieurement, d'y brûler un bout de mèche et de le bien boucher.

FUTAILLES AYANT CONTENU DU PÉTROLE ET DES CORPS GRAS. — Les fûts qui ont contenu de l'huile de pétrole brute ou rectifiée sont impropres à contenir d'autres substances ; on ne connait encore aucun moyen de les désinfecter complètement.

Il en est de même des fûts ayant contenu des matières grasses, à moins que ce soit de l'huile d'olive de très bonne qualité ; alors seulement si ces fûts ont été conservés à l'abri des influences de l'air extérieur, ils peuvent sans inconvénient loger des vins, on assure même que ceux-ci s'y améliorent.

(*Voir page* 102.)

FUTS A DÉROUGIR. — Il arrive souvent que la rareté et la cherté de la futaille obligent à se servir de fûts ayant contenu du vin rouge pour y loger du vin blanc.

Afin de ne pas communiquer au vin blanc la couleur du vin rouge, il faut bien nettoyer le fût et le dérougir.

L'acide sulfurique étendu d'eau exerce une action favorable à l'assainissement, à la propreté de la futaille, mais il n'enlève pas la couleur qui a pénétré le bois ayant contenu du vin rouge.

Pour dérougir les fûts, il faut d'abord les débarrasser du tartre, de la lie et des impuretés qu'ils contiennent au moyen de lavage à l'eau bouillante. On y introduit ensuite un ou deux décilitres de lait de chaux grasse et vive, ayant la consistance d'une bouillie claire. Les chaux maigres ou hydrauliques ne conviennent pas pour cet usage.

On roule le fût de manière à bien étendre la chaux sur toutes les parois intérieures du tonneau. Après une ou deux heures, on rince et l'on recommence l'opération de la même manière, avec un nouveau lait de chaux, afin de compléter le nettoyage ; puis l'on rince ensuite à l'eau chaude et à l'eau froide.

Ce moyen nous a toujours réussi. Après le traitement du lait de chaux et les lavages à l'eau, nous

avons pu loger dans des fûts ayant contenu du vin
rouge, de l'alcool sans le colorer.

On devra essayer sur un fût d'abord, afin d'être
bien fixé sur le nombre de fois qu'il convient d'appliquer le lait de chaux. La première expérience ser-
vira de guide pour les opérations ultérieures.

Autre procédé. — On prendra trois kilogrammes
de cristaux de soude du commerce que l'on fera fondre dans vingt litres d'eau bouillante. Les cristaux
étant fondus et l'eau bien chaude on versera le tout
dans le foudre qu'on agitera dans tous les sens en le
roulant et en le retournant alternativement sur les
deux fonds, afin qu'aucune partie de la surface intérieure n'échappe à l'action de la soude. On laissera
reposer le liquide pendant une demi-heure sur chaque fond et après l'avoir roulé à plusieurs reprises
pendant au moins une heure, on retirera la solution
de soude, qui emporte la couleur. Cette solution peut
servir encore pour d'autres fûts une fois ou deux.

Après avoir fait écouler l'eau de soude, on rince
ensuite le foudre avec de l'eau chaude; puis avec de
l'eau froide et finalement avec quelques litres d'alcool. Ce dernier n'est pas perdu; en le filtrant on
peut l'employer aux usages ordinaires. Après ce traitement, le foudre sera suffisamment propre à contenir de l'eau-de-vie; la surface du bois, conserve une
légère teinte rouge, mais sans pour cela colorer le
liquide qu'on y logera.

LES FUTS GOUDRONNÉS A BIÈRE PEUVENT-ILS LOGER
DU VIN? — Les fûts goudronnés communiquent pendant longtemps l'odeur du goudron aux liquides
qu'on y enferme. Toutefois, cette odeur s'affaiblit à

mesure que le liquide est renouvelé. Nous ne saurions cependant donner le conseil de loger du vin dans des fûts goudronnés ayant contenu de la bière. D'abord les fûts à bière, même bien rincés, transmettent souvent aux vins des altérations fâcheuses. Pour les fûts goudronnés, les lavages à l'eau ne sont qu'un palliatif, l'alcool du vin dissout, quand même, une certaine quantité de la matière soluble du goudron et en communique le goût au vin. C'est ce qui se passe habituellement dans les outres en peau de bouc, revêtues de goudron ; après le passage de plusieurs vins, l'odeur et le goût persistent encore.

Il est donc prudent de ne pas loger du vin dans des fûts goudronnés, et encore moins dans des fûts goudronnés ayant contenu de la bière, on s'exposerait à rendre la vente du vin difficile. Si, par impossible, on y était forcé, on devra alors bien rincer l'intérieur du fût à *l'eau froide* et à la brosse.

NETTOYAGE DES BOUTEILLES AYANT CONTENU DU PÉTROLE. — On prépare un lait de chaux avec lequel on lave la bouteille qu'il s'agit de nettoyer et que l'on veut rendre à un autre usage. Le lait de chaux et le pétrole forment une émulsion ; c'est-à-dire se combinent en une sorte de savon. Si l'on veut obtenir une plus grande netteté et enlever jusqu'à la moindre trace d'odeur, on lave une seconde fois avec du lait de chaux dans lequel on a mélangé une petite quantité de chlorure de chaux. Le chauffage du lait de chaux rend l'opération plus rapide. Des bouteilles ayant contenu du pétrole ont pu, par ce moyen, être remplies de vin et de bière, sans communiquer à ces boissons aucune espèce de goût.

Au sujet de la désinfection des tonneaux ayant contenu du pétrole, (pages 99 et 100) nous avons déclaré ne connaître aucun moyen efficace. On pourrait cependant essayer le procédé indiqué pour les bouteilles. Nous le conseillons sans en garantir l'efficacité.

SOUFRAGE DES FUTAILLES ET DES VINS. — Pour soufrer, on emploie un instrument nommé *brûle-soufre* ou *méchoir* qui se compose d'une petite tige de fil de fer, longue de 20 à 25 centimètres, dont l'une des extrémités est recourbée en forme de crochet et l'autre emboîtée daus un manche en bois cylindro-conique, destiné à fermer hermétiquement le trou de la bonde.

L'extrémité, terminée en crochet, reçoit la mèche soufrée, lorsque celle-ci est allumée, on la descend dans la barrique, alors le gaz acide sulfureux qui est produit par la combustion du soufre absorbe l'oxygène de l'air, si bien que le vin que l'on introduit dans le tonneau se trouve forcément dans un milieu conservateur.

La manière de soufrer sur vin est très simple :

On fait au moyen d'un foret un trou aux environs de la bonde de la barrique, et on présente au-dessus de ce trou une mèche soufrée allumée, puis on soutire quelques litres de vin, celui-ci en s'écoulant produit un vide dans la futaille, et l'air, en se précipitant pour combler ce vide, entraîne avec lui la vapeur sulfureuse de la mèche.

MOYEN DE MÉCHER LES FUTAILLES QU'ON CROIT INSOUFRABLES. — Il ne faut pas croire que l'humidité de la futaille empêche la mèche soufrée d'y brûler, il n'en est rien, et la preuve c'est qu'on mèche sur vin, c'est-à-dire qu'on fait brûler la mèche dans un fût rempl de vin, moins les quelques litres qu'on a tirés pour faire un peu de vide au-dessus du liquide. Les futailles dans lesquelles la mèche ne peut brûler ou brûle difficilement sont infectées d'un gaz qui neutralise la combustion du soufre. Il est nécessaire alors de répéter l'opération en pratiquant un courant d'air, et on l'accélère en introduisant par la bonde la douille d'un soufflet, après avoir pratiqué un trou de vrille pour établir le courant.

Flambage des futs a l'alcool. — Dans certains cas, il est utile de faire brûler un peu d'alcool dans les fûts destinés à recevoir des vins soutirés pour cause de maladie en général et en particulier ceux qui perdent leur couleur. Cette opération décolore moins le vin que le soufrage, bien que celui-ci ne produise cet effet que momentanément; car le vin qui est décoloré par le soufrage revient à sa couleur primitive insensiblement, et au fur et à mesure que le gaz acide sulfureux qu'il contient se vaporise ou s'échappe.

Pour brûler de l'alcool dans un fût, on doit prendre des précautions pour éviter les accidents. Il faut toujours laisser la bonde ouverte, autrement les fonds sauteraient et pourraient blesser plus ou moins dangereusement les personnes qui en seraient atteintes. Mais il faut surtout s'abstenir de mécher un fût, qui a contenu de l'alcool ou de l'eau-de-vie, surtout s'il y a peu de temps qu'il est vide, car il s'enflammerait en un instant.

Il vaut mieux brûler l'alcool en plusieurs fois qu'en une seule, pour éviter tout accident. Il est prudent de ne pas dépasser un demi quart de litre à chaque opération.

IMPERMÉABILITÉ DE LA FUTAILLE DESTINÉE A CONTE-
NIR DE L'ALCOOL. — Pour rendre un fût imperméable
à l'action pénétrante de l'alcool, on peut faire usage
de gélatine et de tannin.

La gélatine ou colle-forte que l'on emploiera, sera
choisie de belle qualité, exempte de mauvaise odeur
surtout. D'abord on la fait gonfler pendant douze
heures dans l'eau froide, ensuite on la fond au bain-
marié dans la proportion de un kilogramme de gélatine pour six litres d'eau.

Lorsque la gélaline est bien fondue, on y ajoute,
s'il en est besoin, assez d'eau chaude pour que sa solution ait la consistance d'un léger sirop et qu'elle
coule comme de la peinture.

Dans cet état on peut appliquer la solution de gélatine avec une brosse, comme s'il s'agissait d'une
peinture à l'huile, si le foudre a été ouvert par l'un
de ses fonds. Ce mode d'emploi absorbe peu de gélatine.

Si le foudre n'a pas été ouvert, on y verse la solution gélatineuse par la bonde au moyen d'un entonnoir, en ayant soin de rouler et d'agiter le foudre
dans tous les sens, pour que le vernis s'étale sur toutes
les surfaces intérieures.

Quand cette manœuvre est jugée suffisante, on
renverse le foudre sur sa bonde et on fait écouler
l'excédant de solution. Un kilogramme de gélatine
dans dix litres d'eau doit suffire pour un fût de dix à
quinze hectolitres.

La solution de tannin sera composé de deux cents
grammes de noix de galles concassées et infusées dans
dix litres d'eau chaude. Cette infusion ne s'emploiera
qu'à froid ; on la versera dans le foudre et on fera en

sorte qu'elle en imprègne toutes les parties intérieures, de manière à atteindre partout la gélatine. L'excédant du liquide sera également déversé par la bonde.

On laissera l'enduit se consolider avant de loger de l'alcool dans le foudre.

MOYEN DE BOUCHER LES FISSURES DES TONNEAUX. — Aussitôt qu'il se déclare la moindre fissure entre les douelles, on gratte d'abord l'endroit, puis on le sèche en y appliquant un fer rouge. Cette première opération terminée, au moyen d'un couteau bien pointu, on enfonce dans la fissure du coton en corde ou du papier, mais nous donnons la préférence au coton. On couvre ensuite le tout d'une couche de suif versé bouillant. Mais si la futaille est destinée à voyager, même par eau, il est alors prudent de recouvrir la fissure d'un fort papier et de clouer par-dessus une petite plaque de fer blanc.

MOYEN DE CONSERVER LES CERCLES DES FUTS. — Ce moyen est simple, c'est de donner la préférence au bois d'acacia. Lorsque ce bois a séjourné dans l'eau, la décortication s'opère d'elle même, les matières non élaborées sont dissoutes, la fibre se fortifie et la vermoulure n'est plus à craindre.

De très nombreuses expériences, il résulte que des cercles d'acacia noyé et des cercles de châtaigner premier choix, ayant été placés dans les mêmes conditions, l'avantage est resté aux cercles d'acacia.

Des cercles d'acacia noyé, qui se trouvaient sur une tonne où l'on remplaçait des cercles de fer oxydés et des cercles de chataignier vermoulus furent rebattus deux fois, jusqu'à ce que les liens rompissent, sans éprouver aucun dommage.

Assouplissement de l'osier ou vime. — Pour faire roussir et assouplir l'osier, il suffit, après l'avoir mouillé et laissé égoutter, de l'exposer à la vapeur sulfureuse dans une barrique défoncée, ou une baille que l'on recouvre avec soin pour éviter que les vapeurs ne s'échappent.

Nettoyage de bouteilles maculées de corps gras. — Le moyen suivant est très bon pour nettoyer les bouteilles grasses, ainsi que celles qui ont une odeur d'huiles essentielles ; il est moins dispendieux que l'emploi de la potasse, de la soude, de la chaux, des acides et plus commode que celui de la cendre et du papier non collé. Il consiste à mettre dans la bouteille à nettoyer quelques cuillerées à bouche de sciure de bois de chêne et un peu d'eau ordinaire la plus chaude possible, puis à agiter quelques secondes ; on rejette ensuite ce mélange et on en remet encore une ou deux fois, s'il est besoin, puis on passe la bouteille à l'eau ordinaire pour en compléter le lavage.

Moyen de nettoyer les bouteilles très encrassées. — Le procédé que nous allons indiquer peut être très utile aux marchands de vins, au point de vue surtout de l'économie du temps : Chacun sait lorsque le long séjour d'un vin coloré dans les bouteilles, les a garnies d'une couche plus ou moins épaisse de tartre en forme de dépôt, qu'il est fort difficile de les nettoyer par les moyens ordinaires, à savoir : La chaînette, la brosse et le plomb, même lorsqu'on les a laissées tremper dans l'eau pendant plusieurs heures.

Voici une recette plus sûre et, dans tous les cas, beaucoup plus expéditive.

Faire dissoudre dans dix litres d'eau chaude un kilogramme de cristaux de soude, introduire un demi-verre de cette dissolution chaude, mais non bouillante, dans la bouteille à nettoyer, et secouer.

En un instant, le tartre est dissous, et un simple rinçage suffit pour le faire disparaître instantanément.

Moyen de constater si le verre des bouteilles est de bonne qualité. — La mauvaise qualité du verre de certaines bouteilles peut nuire à la conservation des vins. Pour s'assurer si une bouteille est d'un verre de bonne qualité, il n'y a qu'à la remplir d'eau, y ajouter dix grammes d'acide tartrique et agiter pour faire dissoudre. Au bout de cinq à six jours, s'il ne s'est rien produit, le verre est de bonne qualité; si au contraire, la solution est devenue gélatineuse, ou s'il s'est formé des cristaux qui sont déposés au fond de la bouteille le verre doit être considéré comme de mauvaise qualité.

CHAPITRE V

Guérison des Maladies et Altérations des Cidres.

CONSERVATION DU CIDRE. — Si l'on veut conserver longtemps le cidre, il faut carboniser l'intérieur des tonneaux, ou y mettre quelques charbons de bois qu'on retire lors du dernier soutirage et avant la fermentation ; puis verser, par hectolitre, 50 à 100 grammes de tartrate neutre de potasse dissous dans de l'eau chaude, qu'on laisse ensuite refroidir, à l'effet de neutraliser les acides et rendre la boisson meilleure et plus claire. On ajoute, en outre, 200 grammes de sel de cuisine dissous dans de l'eau, une infusion de 6 à 7 grammes de tannin provenant de pépins de raisin qu'on mélange dans un litre de cidre ou d'eau.

On peut, selon les circonstances et les localités, donner la préférence à une infusion, faite avec environ 100 grammes d'écorce de chêne hachée menue.

Cinq cents grammes de copeaux ou rubans de hêtre vert mis avant ou après ou même pendant la fermentation, sont préférables aux infusions de tannin ou d'écorce de chêne, car la sève du hêtre est riche en matière tannifère, elle est saine et fortifiante pour l'estomac et propre à conserver la matière sucrée et à préserver le cidre de tout travail de décomposition.

Une dissolution de 25 à 30 grammes de cachou peut remplacer le tannin et les copeaux de hêtre.

Le sel marin, tout en aidant à la conservation du cidre, le décolore un peu.

On nourrit le cidre destiné à être conservé en introduisant dans les tonneaux, à de certaines époques, quelques seaux de cidre doux en remplacement de celui qu'on tire à cet effet. Le jus nouveau entretient la fermentation alcoolique et le mucilage prévient la fermentation acétique.

CIDRE QU'ON VEUT CONSERVER DOUX. — Si le cidre a achevé sa fermentation, ce qui a lieu vers le mois de décembre et qu'on veuille le conserver doux, il faut le soutirer dans des fûts méchés dont l'intérieur est carbonisé ; si l'on a pas de ces fûts, il faut se borner à le soutirer dans un fût fortement méché et le visiter de temps en temps, afin de lui donner de l'air et de le soutirer et mécher à nouveau dans le cas où il viendrait à fermenter de rechef. On peut, par ce moyen, le conserver doux pendant plusieurs années, en arrêtant le fermentation par le soutirage et le soufrage, chaque fois qu'elle se déclare.

C'est au mois de décembre qu'on commence à s'occuper de la clarification des cidres fabriqués en septembre.

CIDRES TROUBLES ET SANS SAVEUR. — Il arrive souvent, surtout dans les automnes froids et pluvieux, que les cidres restent troubles et se tuent en perdant à la fois leur couleur et leur saveur naturelles. Divers moyens sont propres à combattre ces fâcheux accidents.

Suivant M. Viau, 30 grammes d'acide tartrique dissous dans un verre d'eau, par hectolitre, suffisent pour neutraliser l'alcalinité et la causticité qui sont propres aux cidres de certaines contrées. L'addition de cet acide ne présente aucun inconvénient ; elle n'introduit dans le cidre qu'une partie de ses éléments normaux.

Quelquefois il suffit d'ajouter par hectolitre un kilogramme de cassonade dissoute dans un litre d'alcool ou d'eau-de-vie.

On conseille aussi de jeter par un trou de vrille percé près de la bonde 120 grammes de sel, avec 15 grammes d'acide tartrique bien pulvérisé, par hectolitre de cidre, et de laisser le trou ouvert trois ou quatre jours. Ce moyen peut être utile pour rétablir la saveur, mais il nous semble qu'il n'en saurait être de même de la couleur, l'expérience ayant plusieurs fois démontré que, pour conserver ou rétablir cette dernière, l'emploi du sel est plutôt nuisible qu'utile.

Si ces divers moyens sont sans résultat, ajoutez, par hectolitre, un kilogramme de blanc d'Espagne écrasé, 700 grammes de charbon de bois récemment calciné et collez avec quatre blancs d'œufs fouettés dans un verre d'eau salée. Agitez le tonneau et soutirez après quinze jours de repos.

Cidre qui file. — Le cidre provenant de fruits ou trop doux ou trop mûrs, est ordinairement privé de principes astringents et acerbes, indispensables à sa conservation, il est pauvre en acide organique et faible en alcool. L'insuffisance de ces principes conservateurs et la surabondance des matières albumineuses permettent à la fermentation visqueuse de s'y développer.

En effet, cette fermentation rend le cidre visqueux comme de la décoction de graine de lin et filant comme de l'huile. Dans cet état, le liquide est imbuvable, il est alors à la veille de passer à la fermentation putride.

Traitement: Pour un hectolitre de cidre filant, on emploiera : 1° noix de galles 20 à 30 grammes ; 2° acide tartrique, 20 à 30 grammes ; 3° un litre d'alcool fin goût, 90 degrés ; 4° le mouvement. Un bon collage à la gélatine et un soutirage compléteront l'opération.

On concasse la noix de galle en petits morceaux ou en poudre grossière ; on la place dans un vase en fayence ou en terre vernissée et on verse par-dessus dix fois son poids d'eau chaude. On laisse infuser pendant 4 à 5 heures ; on soutire la partie liquide que l'on conserve dans une bouteille, et l'on verse une seconde fois autant d'eau chaude sur la noix de galle afin de la bien épuiser de tous ses principes. Après quatre heures, on passe l'infusion à travers un linge, on réunit l'eau de cette seconde infusion à celle de la première et on les verse dans le fût contenant le cidre au moyen d'un entonnoir en verre, en terre ou en bois, mais non en métal.

On fait dissoudre l'acide tartrique dans cinq fois son poids d'eau chaude ; lorsqu'il est fondu, on le verse dans le cidre.

En versant l'infusion de noix de galle et la dissolution d'acide tartrique dans le cidre, on y ajoute en même temps l'alcool.

On devra, avant l'opération, enlever un peu de liquide du fût, afin d'y établir 20 à 25 centimètres de vidange. La vidange faite, on verse toutes les substances dans le tonneau et on le roule pendant dix minutes, puis on le remet en chantier et on l'abandonne au repos, pendant huit jours.

Au bout de huit jours, on colle le cidre et on le

laisse se clarifier. La clarification étant opérée, on soutire dans un fût bien propre, et le cidre est bon à boire.

Les fûts qui ont contenu du cidre filant doivent être desinfectés, au moyen d'un demi-litre d'acide sulfurique étendu dans cinq litres d'eau froide. On rince ensuite à l'eau froide deux ou trois fois de suite.

CIDRE FAIBLE EN COULEUR. — La couleur d'ambre ou celle rouge-brun est recherchée. Un bon cidre pauvre en couleur est une exception. Les pommes amères produisent plus particulièrement la couleur rouge-brun. Le cidre qui fermente lentement et sans chaleur se colore ordinairement peu. Une fermentation, qui marque 10 à 15 degrés est préférable, à la macération prolongée.

Si le cidre n'est pas assez coloré, on peut y ajouter du caramel, fait en forme de sirop épais avec du sucre ou de la cassonade. Certains fabricants de cidre ajoutent cinq ou six betteraves rouges cuites et coupées en morceaux par hectolitre de pommes. En Normandie, on remue la pulpe plusieurs fois avant de la pressurer, et on suspend dans chaque tonneau, pendant la fermentation, un sachet contenant une petite quantité de racines de garance en poudre, afin d'obtenir une belle couleur rouge-brun.

CIDRE DUR. — Si le cidre devient dur, il faut y ajouter un litre de blé ou d'escourgeon, ou bien encore un demi-litre de riz, pour que la transformation de l'amidon en sucre adoucisse la boisson. On peut également, pour obtenir le même résultat, faire dissoudre dans deux litres d'eau chaude, deux kilogrammes de cassonade, puis on ajoute à cette dissolution, un litre d'eau-de-vie, dont la propriété est ici de se combiner avec les acides pour former des corps particuliers appelés éthers, lesquels ont une odeur balsamique, et donnent au cidre un goût délicat. On laisse refroidir l'eau avant de la verser dans le fût.

Si, par ces divers procédés, on ne parvient pas à rendre le cidre moins dur, le seul parti qu'on puisse alors tirer de cette boisson, est de la convertir en vinaigre. A moins cependant qu'on puisse se procurer des pommes nouvellement écrasées ou moulues, la valeur d'un demi-hectolitre par exemple, pour un hectolitre de cidre malade, et qu'on fasse passer ce cidre à travers la pomme écrasée, afin de lui rendre un goût agréable. Ici la pomme joue le rôle de matière filtrante, tout en communiquant au cidre altéré une nouvelle sève.

Cidre Aigre. — Lorsqu'au moment de soutirer ou mettre le cidre en perce, il est aigre, il faut y ajouter l'une des substances suivantes : 150 grammes de poudre de marbre ou d'albâtre par hectolitre.

Cinquante à cent grammes de potasse en solution ;

Un demi-litre d'huile d'œillette ;

Les amandes d'une vingtaine de noix ;

Soixante grammes de froment grillé, ou deux kilogrammes de blanc d'Espagne réduit en poudre pour absorber en partie ou neutraliser l'acide ;

Deux kilogrammes de cassonade dissoute dans un litre d'eau chaude, solution qu'on verse froide dans le tonneau.

Autre procédé. — Pour un hectolitre de cidre aigre, jetez-y, avant de le soutirer, 15 grammes au *minimum* et 40 au *maximum* de chaux vive éteinte avec un peu d'eau. La quantité de chaux dépend de l'acidité du cidre. On peut remplacer la chaux par une quantité sextuple de craie broyée, qui enlève aussi l'acidité.

On a également conseillé d'introduire dans la carafe de service, au moment de la consommation, une pincée de bi-carbonate de soude. Dans ce cas, l'acide acétique est neutralisé, il se dégage de l'acide carbonique, qui rend le cidre gazeux et le convertit instantanément en boisson agréable et salubre. Ce moyen est simple et ne coûte que 20 centimes par hectolitre.

CIDRE DE MAUVAIS GOUT. — Ici l'usage du charbon végétal est indispensable ; il faut l'employer sous forme de braise de boulanger, bien lavée, séchée et pulvérisée dans la proportion de un kilogramme par hectolitre de cidre, on mélangera bien la poudre charbonneuse dans le liquide en roulant le fût pendant quelques minutes ; au bout de quelques jours, le charbon se sera précipité au fond du tonneau et l'on procédera alors au soutirage du cidre.

Ce traitement fera perdre un peu de sa force et de son montant à la boisson. C'est ici qu'un litre ou deux d'alcool ou d'eau-de-vie de pomme par hectolitre conviendrait bien pour remonter le cidre. On devrait même y ajouter aussi dix grammes d'acide tartrique (par hectolitre) après l'avoir fait préalablement dissoudre dans un peu d'eau. Le cidre purifié par le charbon végétal, réconforté par une légère addition d'alcool et avivé par l'acide tartrique, constitue une boisson plus agréable, plus saine, plus confortable et d'une conservation plus assurée.

CIDRE QUI FERMENTE. — De même que le vin, dit M. Lebœuf, le cidre est sujet à subir une fermentation secondaire qui le fait *durcir*. Souvent, à la suite de cette fermentation, il devient tellement sûr, qu'il est plus près du vinaigre que du cidre.

Il faut se hâter d'arrêter cette fermentation en soufrant le cidre ou en soutirant dans des fûts méchés d'autant plus fortement que la fermentation est plus vive et par conséquent le liquide en plus grand danger.

DÉGORGEMENT ET NETTOYAGE DES TONNEAUX A CIDRE. — La mise en état des tonneaux à cidre, leur dégorgement et leur nettoyage, consistent en différentes opérations que nous allons énumérer.

On doit rincer tout d'abord, et à plusieurs eaux, les futailles consacrées aux cidres de la récolte à loger, au moyen de chaînes ou de petits balais introduits par la bonde. Si elles conservent un odeur de moisi ou de pourri, il faut employer à plusieurs reprises l'eau bouillante et salée avec infusion de quelques feuilles de pécher et branches de thym ou genévrier, ou bien avec une dissolution de potasse, ou bien encore avec trente-trois grammes de chlorure de chaux, délayés dans dix litres d'eau pour un hectolitre.

Roulez et renversez ensuite les tonneaux où se trouve cette eau quatre ou cinq fois pendant deux jours, lavez ensuite à grande eau avec un balai et mettez pendant quelques jours la bonde ouverte de chaque tonneau au-dessus d'un trou fait récemment en terre, d'un diamètre d'environ trente centimètres, sur une profondeur de quarante à cinquante centimètre, ou tournez cette bonde du côté du vent, après avoir laissé libre l'entrée du robinet pour établir une ventilation nécessaire.

Si l'on pouvait disposer d'un tuyau conducteur de

vapeur provenant d'une chaudière ou marmite en ébullition, on l'introduirait par la bonde qu'on renverserait du côté du sol ; la vapeur s'y condenserait avant d'en sortir, pénétrerait dans le bois et en se substituant au corps, qui est cause d'infection, le déplacerait et le ferait sortir avec elle. Quand pour désinfecter un fût, on se sert de charbon de bois, il faut bonder les tonneaux, pendant quelques heures pour que ces charbons absorbent le mauvais goût ou la mauvaise odeur et s'emparent des gaz qui en sont la cause. Dans tous les cas, il est utile d'employer au moins une fois l'eau bouillante qui fera périr tout ce qu'il y a de parasites vivants attachés aux parois.

Si ces moyens ne réussissent pas complètement, il faut alors rincer, en dernier lieu, les tonneaux avec un peu d'huile d'œillette, ou avec un peu d'eau-de-vie.

Dégorgement et nettoyage des tonneaux infectés devant contenir du cidre. — Lorsque les tonneaux résistent aux lavages ordinaires, c'est qu'ils sont réellement infectés. Alors, on verse par leur bonde de manière à en saturer l'intérieur, un kilogramme de sel marin, deux cent trente grammes d'alun en poudre et 4 litres d'eau bouillante ; on laisse séjourner le tout, pendant quelques heures, en agitant souvent les tonneaux ; on fait un second lavage à l'eau froide avec 500 grammes de chaux en petits morceaux et on laisse ce bain pendant vingt-quatre heures dans les tonneaux qu'on agite plusieurs fois. Il faut prendre garde que la bonde s'échappe subitement et puisse blesser quelqu'un. Enfin on rince à l'eau claire avec un balai ; puis on termine par un mélange et une lotion d'un quart de litre de bon alcool.

Autre procédé. — On prévient encore le mauvais goût des fûts en mettant du marc de pommes pendant quelques jours dans les tonneaux qui ne sont pas complètement exempts de mauvaise odeur, et en versant quelques litres d'eau bouillante dans laquelle on aura fait infuser une partie de marc de pommes récemment moulues ; soit encore en y jettant une mèche soufrée et allumée,

Une décoction de sciure de chêne dans des tonneaux rincés pénètre de tannin les surfaces intérieures, le tannin aide en même temps à la conservation du cidre et l'empêche de tourner à l'acidité ou à la graisse.

CHAPITRE VI

Recettes et Renseignements divers.

L'HYDROMÈTRE ANGLAIS DE SYKES COMPARÉ A L'ALCOO-MÈTRE GAY-LUSSAC. — Les rapports qui s'établissent de plus en plus avec l'Angleterre rendent presque indispensable la connaissance des mesures employées par nos voisins. Une d'entre elles, la moins connue de ce côté de la Manche est l'hydromètre de Sykes, qui sert aux Anglais à mesurer la force alcoolique des liqueurs. Elle est si peu connue que, lors des préliminaires du traité de commerce avec l'Angleterre, les plénipotentiaires firent une confusion entre cet instrument et l'alcoomètre Gay-Lussac.

L'hydromètre de Sykes consiste en une éprouvette en cuivre et verre, dans laquelle le point de départ est fixé à un mélange de 49 parties d'alcool et 51 parties d'eau ayant une densité de 918,6 à la température de 51° Fahrenheit ou 10° 56 centésimal. Ce point de départ est ce que les Anglais appellent *proof spirit* ou preuve. Leur échelle est au-dessous et au-dessus de la preuve. Leur point correspond à 58° environ de l'alcoomètre Gay-Lussac. Pour les usages courants, nous avons formulé la comparaison entre les deux instruments français et anglais dans les tableaux suivants.

COMPARAISON DE L'HYDROMÈTRE SYKES AVEC L'ALCOO-MÈTRE GAY-LUSSAC.

SYKES	GAY-LUSSAC	SYKES	GAY-LUSSAC	SYKES	GAY-LUSSAC
1	0.6	35	20.1	69	39.7
2	1.1	36	20.7	70	40.2
3	1.7	37	21.3	71	40.8
4	2.3	38	21.8	72	41.4
5	2.9	39	22.4	73	41.9
6	3.4	40	23.»	74	42.5
7	4.	41	23.6	75	43.1
8	4.6	42	24.1	76	43.7
9	5.2	43	24.7	77	44.3
10	5.7	44	25.3	78	44.8
11	6.3	45	25.9	79	45.4
12	6.9	46	26.4	80	46.»
13	7.5	47	27.»	81	46.6
14	8.	48	27.6	82	47.1
15	8.6	49	28.2	83	47.7
16	9.2	50	28.7	84	48.3
17	9.8	51	29.3	85	48.9
18	10.3	52	29.9	86	49.4
19	10.9	53	30.5	87	50.»
20	11.5	54	31.»	88	50.6
21	12.1	55	31.6	89	51.1
22	12.6	56	32.2	90	51.7
23	13.2	57	32.8	91	52.3
24	13.8	58	33.3	92	52.9
25	14.4	59	33.9	93	53.4
26	14.9	60	34.5	94	54.»
27	15.5	61	35.1	95	54.6
28	16.1	62	35.6	96	55.2
29	16.7	63	36.2	97	55.7
30	17.2	64	36.8	98	56.3
31	17.8	65	37.4	99	56.9
32	18.4	66	37.9	100	57.5
33	18.9	67	38.5		
34	19.5	68	39.1		

COMPARAISON DE L'ALCOOMÈTRE GAY-LUSSAC, AVEC L'ALCOOMÈTRE SYKES.

GAY-LUSSAC	SYKES	GAY-LUSSAC	SYKES	GAY-LUSSAC	SYKES
1	1.7	21	36.5	41	71.3
2	3.5	22	38.3	42	73.1
3	5.2	23	40.»	43	74.8
4	7.»	24	41.8	44	76.6
5	8.7	25	43.5	45	78.3
6	10.4	26	45.2	46	80.»
7	12.2	27	47.»	47	81.8
8	13.9	28	48.7	48	83.5
9	15.7	29	50.5	49	85.3
10	17.4	30	52.2	50	87.»
11	19.1	31	53.9	51	88.7
12	20.9	32	55.7	52	90.5
13	22.6	33	57.4	53	92.2
14	24.4	34	59.2	54	94.»
15	26.1	35	60.9	55	95.7
16	27.8	36	62.6	56	97.4
17	29.6	37	64.4	57	99.2
18	31.3	38	66.1	58	100.9
19	33.1	39	67.9		
20	34.8	40	69.6		

LES ALCOOMÈTRES RICHTER ET TRALLES COMPARÉS AUX INSTRUMENTS FRANÇAIS ET ANGLAIS DU MÊME GENRE. — L'alcoomètre Tralles se compose de deux tubes en verre, joints l'un à l'autre et fermés des deux bouts. Dans la partie supérieure du tube (d'un quart de pouce environ de diamètre), il se trouve deux échelles, dont chacune, quoique, d'après des principes différents, est divisée de bas en haut en 100 parties.

Les deux échelles, l'une inventée par Tralles, l'autre par Richter, sont établies d'après des expériences pratiques et marquent toutes les deux 100 degrés, si on les plonge dans l'alcool pur et 0 si on les met dans l'eau.

L'échelle de Tralles, cependant, se base sur 100 parties de volume, celle de Richter sur 100 parties de poids. Ainsi 35 p. 0/0 Tralles signifient que 100 parties de mesure de capacité (litres, gallons) contiennent 35 parties d'alcool pur et 65 parties d'eau ; tandis que 35 p. 0/0 Richter signifient que 100 parties de poids (kilogrammes, quintaux) contiennent 35 parties poids d'alcool et 65 parties poids d'eau. Or, l'eau ayant un poids spécifique plus fort que l'eau-de-vie, (0,792) il s'ensuit que les tant pour cent aux degrés de Tralles s'expriment par des chiffres plus forts que ceux de Richter. Mais, comme, suivant les principes de la physique, la chaleur produit une dilatation dans tous les corps et en augmente le volume, il faut avoir égard aussi à la température de la marchandise ; et, à cet effet, on a mis dans la partie inférieure du tube (d'un diamètre double à peu près de celui de l'autre) un thermomètre dont les degrés correspondent aux degrés de Richter.

On a choisi l'échelle de Richter pour compensation des différences de température, parce que les divisions s'y suivent plus régulièrement que dans celle de Tralles, mais cette dernière sert pour donner finalement la force, parce que, établie exclusivement sur des expériences, elle est plus juste que celle de Richter, basée principalement sur des calculs.

Supposons maintenant qu'en fabricant l'instrument, on se soit basé sur une température de $+ 12^{o}$ 1/2 Réaumur, comme on le fait généralement, et que l'on ait marqué 0 sur l'échelle du thermomètre au point où le mercure s'est arrêté ; il est évident alors que le nombre de degrés de Tralles constaté ne sera juste que lorsque le thermomètre marquera 0 ; mais que le mercure dépassant le 0, ce qui indique que le liquide est plus chaud que la base de l'instrument, il faut déduire du nombre obtenu de degrés de Richter 1 degré pour chaque division au-dessus du 0 du thermomètre et y ajouter par contre 1 degré pour chaque degré en dessus.

Le nombre de degrés de Tralles correspondant à celui de Richter ainsi modifié donne le contenu effectif d'alcool contenu dans le liquide.

TABLE COMPARATIVE :

TRALLES	ANGLAIS	RICHTER	CARTIER	CENTIGRADES
85 1/2	50	76	33 1/2	86
83	45	73	32	82
80	40	69	30 3/4	80
77	35	65	29 1/2	77
74	30	62	28	74
71 1/2	25	59	27	72
68 1/2	20	55 1/2	26	69
66	15	52 1/2	25	67
63	10	49	24	64
60	5	46	23	61
57 1/2 P +	0	43 1/2	22	59
55	5	41	21	56
52	10	38 1/2	20	53
49	15	35 3/4	19	49
46	20	33	18	45

POIDS DE L'ALCOOL A DIFFÉRENTS DEGRÉS DE L'ALCOOMÈTRE. — Pour répondre à cette question, nous donnons ci-après le tableau des densités de l'alcool absolu, et de son mélange avec l'eau à la température de + 15° centigrades d'après Gay-Lussac.

On voit qu'un litre d'alcool absolu à 100 degrés pèse 794 grammes 7 décigrammes ; le litre à 95 degrés pèse 816 grammes 8 décigrammes ; à 50 degrés 934 grammes 8 décigrammes, etc...

ALCOOL	DENSITÉ DU LIQUIDE	POIDS EN GRAMMES
100	0.7947	794.7 déc.
95	0.8168	816.8
90	0.8343	834.3
85	0.8502	850.2
80	0.8645	864.5
75	0.8779	877.9
70	0.8907	890.7
65	0.9027	902.7
60	0.9141	914.1
55	0.9248	924.8
50	0.9348	934.8
45	0.9440	944.»

LE GLEUCOMÈTRE. — C'est aux mesures gleucomètriques, dit le docteur Guyot, c'est-à-dire aux épreuves multipliées du gleucomètre ou pèse-moût que l'on doit recourir pour déterminer : 1° la valeur relative des raisins de divers cépages ; 2° l'époque précise de la maturité absolue des raisins.

Le pèse-mout, gleucomètre ou densimètre doit être le guide obligé du viticulteur dans le choix de ces cépages et dans la détermination de l'époque de sa vendange.

Dès que le moût d'un cépage, à égalité de sol, de climat, d'année et de maturité, marque au gleucomètre un degré constamment plus élevé que le moût du raisin des autres cépages ; il doit lui être préféré et être classé au premier rang.

Tant que le raisin d'un cépage connu gagne ou peut gagner en degrés gleucomètriques, il ne doit pas être vendangé, si le premier novembre n'est pas dépassé.

Ces deux préceptes essentiels de la production du vin le plus riche possible, ne peuvent être appliqués d'une façon absolue : l'infécondité de certains cépages, leur saveur et leur odeur spécifiques, leur incompatibilité avec certains sols et certains climats, le cours favorable des saisons et surtout les pluies et les gelées de l'automne, doivent les modifier souvent et d'une façon grave, mais ils doivent rester présents au viticulteur, comme l'expression de la perfection idéale qu'il doit chercher à réaliser au prix de grands sacrifices.

Le gleucomètre est un instrument fort simple et peu dispendieux, ressemblant à tous les aréomètres et, comme eux, facile à employer par tout le monde. Il consiste en un tube de verre renflé à sa partie inférieure, soit en sphère, soit en cylindre et constituant par sa partie supérieure une tige graduée portant une échelle dont le zéro occupe la partie supérieure et dont les unités, représentant un degré, augmentent en descendant jusqu'au point de jonction de la tige avec la partie renflée de l'instrument.

Le gleucomètre indique d'une façon absolue la densité du moût et d'une façon relative seulement la quantité de sucre, qui concourt à augmenter cette densité : le polarimètre donne des résultats précis sur la richesse du moût en sucre, mais cet instrument d'optique n'est pas encore à la portée de tout le monde, et le gleucomètre donne des résultats approximatifs très suffisants, surtout si son échelle, ayant pour zéro la densité de l'eau, à la température de 12 degrés au-dessus de zéro, est assez agrandie pour indiquer des centièmes de l'augmentation de densité.

Un degré du gleucomètre représente à peu près par hectolitre 150 grammes de sucre, qui, à la fermentation, produisent un pour cent, c'est-à-dire un litre d'alcool pur. Ainsi, toutes les fois qu'on voudra ajouter au vin un degré de plus en esprit, il faudra ajouter au moût 150 grammes de sucre pur de canne. Il faudrait plus de trois kilogrammes de sucre de fécule pour donner le même résultat. Mais le moût du raisin contient des matières non sucrées et non réductibles en alcool, qui concourent aussi à la densité. Toutefois, ces matières n'influent que dans la proportion de un dixième et un quinzième sur le chiffre des degrés que marque le gleucomètre. En retranchant un douzième de ce chiffre, on connaîtra donc, en moyenne, la quantité de sucre que contient le moût. Cette approximation est suffisante pour la pratique.

Acidimètre ou instrument pour mesurer la puissance acide des vins — Tous les chimistes savent doser facilement l'acidité des vins, il n'en est pas de même de tous les propriétaires viticulteurs, des vignerons, des maîtres de chai et de beaucoup de personnes qui s'occupent, de la fabrication, de l'élevage, de la conservation et de la manipulation des vins ; mais il existe un petit instrument que nous allons décrire au moyen duquel tout le monde peut déterminer exactement la quantité d'acide, que contient le vin.

Cet instrument s'appelle l'acidimètre : c'est un tube en verre dont la partie inférieure ou réservoir, contient dix centilitres cubes de liquide ou la centième partie du litre. La tige, qui surmonte le réservoir de dix centimètres de hauteur, est divisée en dix parties égales, dont chacune représente un centimètre cube ; chaque centimètre cube est aussi divisé en dix parties égales. L'acidimètre ou instrument-mesureur de l'acidité est complété par un flacon contenant une solution aqueuse de soude caustique.

Pour constater le degré d'acidité du vin, on en verse, dans l'acidimètre, dix centimètres cubes que contient son réservoir et on plonge dans ce liquide, une bandelette de papier bleu de tournesol très sensible. Cette bandelette a de 20 à 25 millimètres de longueur et cinq millimètres de largeur.

Aussitôt que le papier de tournesol est mouillé par le vin, sa couleur bleue change et passe au rouge pelure d'oignon. On prend alors la solution de soude caustique, et, par le bec effilé de son flacon, on verse peu à peu et goutte à goutte la liqueur de soude dans l'acidimètre en ayant soin d'agiter pour que la liqueur alcaline se répartisse exactement dans le liquide de l'acidimètre. On verse ainsi avec précaution de la soude, jusqu'à ce que le papier de tournesol rougi ait repris sa couleur bleue. Dès que la couleur bleue a reparu, l'opération est terminée et il ne reste plus qu'à lire sur la tige de l'acidimètre la hauteur à laquelle le liquide s'y élève : si le liquide affleure, par exemple, au n° 3, le vin contient trois millièmes ou trois grammes d'acide par litre, s'il monte à 4 degrés 5, il contient quatre grammes cinquante centigrammes et ainsi de suite.

FABRICATION DU CARAMEL. — La fabrication du caramel est des plus simples et des plus faciles. L'outillage se compose d'une bassine en cuivre, d'une spatule en bois et d'un fourneau.

On met, dans la bassine sur le feu, dix kilogrammes de sucre ou de glucose, par exemple, avec trois litres d'eau. Le sucre ne tarde pas à fondre entièrement et après que la chaleur a évaporé l'eau contenue dans le sirop, la température s'élève et le sucre commence à former de grosses bulles et à roussir ; il faut modérer le feu et jeter dans le sirop un morceau de beurre ou de cire blanche en ayant soin de remuer avec la spatule pour empêcher le sucre de s'attacher au fond de la bassine et d'y brûler. La substance grasse, cire ou beurre, a pour effet d'empêcher la matière de s'élever en mousse volumineuse, de déborder et de sortir de la bassine. A mesure que la chaleur agit, le sucre brunit davantage et laisse exhaler des vapeurs âcres et irritantes, qui prennent à la gorge ; c'est pour cette raison qu'on doit fabriquer le caramel dans un endroit aéré, ou sous la hotte d'une cheminée, qui enlève les vapeurs incommodes. L'aspect de la couleur de la masse indique le moment précis où il faut arrêter l'opération, afin de ne pas carboniser le sucre. On prélève de temps en temps de petits échantillons pour bien apprécier la puissance colorante ; sans attendre jusqu'à la dernière limite de la caramélisation ; on enlève la bassine, on la place en dehors du contact du foyer et l'on verse dans le caramel une petite quantité d'eau qui de suite durcit la masse. On ajoute peu à peu de l'eau et on replace la bassine sur le fourneau pour amener la masse à l'état de sirop à 40 degrés, on laisse refroidir et le caramel est fait. Pour le conserver, on y ajoute quelques centièmes d'alcool.

Emploi du caramel. — Avec un litre de bon caramel première qualité, on peut colorer mille litres d'eau-de-vie.

Pour employer convenablement le caramel à la

coloration des eaux-de-vie, il convient pour un hecto-litre, de délayer dix centilitres de caramel dans vingt centilitres d'eau pure, froide et d'ajouter ensuite vingt centilitres d'eau-de-vie, on mêle intimement afin que le caramel soit bien dissous et on verse ce mélange de caramel, d'eau et d'eau-de-vie, dans le fût à eau-de-vie blanche : on agite ce dernier pour bien incorporer le caramel. On laisse reposer ; l'eau-de-vie devient d'une belle couleur et très limpide dans peu de temps. On peut coller l'eau-de-vie pour la rendre plus brillante.

COLLE DE POISSON, SA PRÉPARATION. — La préparation de la colle de poisson demande des soins que nous recommandons à l'attention de nos lecteurs.

On doit choisir la colle de poisson de première qualité en cordon ou en feuille. On la met tremper pendant vingt-quatre heures dans de l'eau fraîche, qu'il faut renouveler trois ou quatre fois, pendant la durée de son immersion. Il suffit que la colle soit recouverte de quelques centimètres d'eau seulement. Après avoir subi l'action de l'eau, pendant vingt-quatre heures, l'ichthyocolle s'est ramollie, elle est devenue blanche et facile à déchirer. En cet état, on la met dans un mortier et on la triture bien, pendant quinze à vingt minutes, de manière à la diviser à l'infini. Elle doit former une espèce de pâte ferme, comparable à la pâte de papier blanc triturée avec un peu d'eau ; à défaut de mortier, si la quantité n'excède pas cinquante grammes, on peut broyer la colle de poisson dans la main, pendant une demi-heure, jusqu'à ce qu'elle soit devenue en pâte extrêmement divisée.

La boule de pâte de colle de poisson est mise dans un vase en fayence bien propre et l'on y verse par-dessus, environ un litre d'eau, pour trente grammes d'ichthyocolle sèche; on ajoute l'eau à petit filet et avec la main, on l'incorpore dans la masse qui, peu à peu, forme une espèce de bouillie très claire et blanche.

On passe cette bouillie à travers un linge blanc à tissu serré et propre. On exprime avec la pression de la main pour qu'il ne reste dans le linge que quelques filaments de colle de poisson mal broyés. On sépare les filaments du liquide, qui a traversé le linge.

Dans cet état, l'ichthyocolle n'est que divisée, mais non dissoute. Pour la dissoudre, on y ajoute un ou deux litres du vin qu'on se propose de coller.

On favorise l'action du vin sur la colle en la mélangeant avec une cuillère ou avec une spatule. Sous l'influence des acides du vin, la masse change d'aspect, la colle devient transparente et épaisse comme un sirop. Elle est alors bonne à employer.

Pour conserver la dissolution d'ichthyocolle, on y ajoute un cinquième de son volume de bonne eau-de-vie ou de bon alcool réduit à 50 degrés.

La colle ainsi préparée doit être étendue dans quelques litres de vin, puis versée dans le vin qu'on agite avec un fouet ou en roulant le tonneau de manière à bien incorporer le clarifiant dans toute la masse.

Après quelques jours de repos, le vin se débarrasse des matières qui altéraient sa transparence et devient brillant et limpide.

La colle de poisson s'emploie à la dose de cinq grammes d'ichthyocolle par barrique de vin.

Le Conservateur des vins de Martin Pagis. — La conservation des vins est une des questions des plus importantes, tant pour le producteur que pour le le commerçant. Pour le premier, c'est souvent une grande partie de son revenu, le second risque son avoir en achetant des vins et de leur bon ou mauvais comportement, dépend, sinon sa fortune entière, au moins son gain ou sa perte.

Ne connaissant pas la composition du Conservateur, cette composition étant même secrète, puisqu'elle est sauvegardée par une marque de fabrique, nous ne devrions pas en parler ici. Mais en présence des nombreuses attestations de ceux qui en ont fait usage, nous avons cru devoir consacrer quelques lignes à ce nouveau produit.

Le Conservateur des vins se compose, d'après son inventeur, de tannin associé à d'autres principes dont le mélange, dans des proportions utiles, constitue un agent énergique et indispensable à la conservation et à la bonification des vins de tous les pays. Seul, le tannin ne saurait être efficace dans une foule de circonstances, les différents principes qui lui sont unis, modifient et complètent heureusement son action. C'est ainsi que le tannin n'a aucune influence sur les vins plâtrés, si nombreux dans le Midi, tandis que le Conservateur agit sur eux aussi complètement que sur les vins non plâtrés.

La manière la plus rationnelle d'employer le Conservateur serait de le mélanger à la vendange, on donnerait ainsi au vin, dès son origine, dit l'inventeur, toutes les qualités de conservation désirables ; c'est donc par là qu'il débute, pour suivre ensuite le vin déjà fait et non traité par le Conservateur.

Les effets du Conservateur, mélangé à la vendange sont les suivants :

Régularisation de la fermentation.

Neutralisation de la mauvaise influence des raisins pourris et échauffés.

Vin rendu plus vif, plus brillant, plus rapidement limpide.

Lies moins volumineuses.

Marc fournissant une eau-de-vie meilleure et plus fine.

Enfin, garantie de conservation parfaite et préservation constante contre toute altération et toute dégénérescence, à la condition, bien entendu, de prendre les soins ordinaires des vins.

Le Conservateur mélangé à la vendange dispense absolument de l'emploi du plâtre, seul en effet et sans le secours de cet agent, il donne au vin vivacité de couleur, beau brillant et goût parfait.

On peut toutefois mettre du plâtre sur la vendange, les deux compositions ne se contrariant pas. Seulement alors l'addition du plâtre est une dépense inutile.

Le dosage est de trente grammes par hectolitre de vin dans la vendange : On retrouve, ajoute l'inventeur, dans la qualité de l'eau-de-vie de marc, largement le supplément de dépense de ce mode de traitement, comparé à celui des vins faits, qui ne nécessitent que dix à vingt grammes par hectolitre d'après leur constitution.

Les vins blancs ou rouges, légers, mal vinifiés, pauvres en alcool, ou trop riches en sucre, de même que les vins bien faits, mais logés dans de mauvaises caves, dans des celliers et dans des magasins mal situés ou en cours de voyage sur terre et sur mer s'altèrent facilement. Tous ces vins résistent parfaitement aux germes de toutes les maladies, s'ils ont reçu une dose de Conservateur, qui les empêche de tourner, de piquer, de rebouillir, de pousser, de passer à l'amer, de s'absinther, de filer, de graisser, de noircir et de perdre leur couleur.

La dose à employer sur des vins *encore sains* et d'après leur tendance à s'altérer, est de dix à vingt grammes par hectolitre ; sauf pour les vins très épais et très mal vinifiés, comme certains vins d'Espagne très sujets à fermenter : On peut, dans ce cas, pour éviter toute déception aller jusqu'à trente grammes par hectolitre.

Moyennant une dépense tout à fait insignifiante, conclut l'inventeur, on assure absolument et pour toujours son vin contre toutes les maladies possibles, en lui donnant du brillant, de la vivacité et de la finesse.

Le Conservateur n'est pas une colle, il ne faut pas lui demander la clarification rapide des vins ; grâce cependant à sa composition, c'est un bon clarifiant, mais qui n'agit que fort lentement ; 15 jours à un mois lui sont, d'après l'état de la température, nécessaires, pour rendre très limpide le vin auquel il a été mélangé.

L'attente de la clarification pouvant être souvent impossible au commerce, il vaut mieux avoir recours après le Conservateur à une colle. Toutes sont bonnes, cependant celle qui s'harmonise le mieux avec lui, c'est la gélatine.

En collant le vin 48 heures après le mélange du Conservateur, avec douze à quinze grammes de gélatine par hectolitre, on obtient outre les qualités préservatrices une clarification immédiate.

Vingt grammes de Conservateur par hectolitre de vin, suivis d'un collage, donnent à tous les coupages, en dehors de la garantie contre toute altération, du brillant, un moëlleux, et un fondu remarquable. Cette addition combine intimement les éléments divers du coupage, et en fait un tout homogène et d'un goût parfait.

La plupart des vinaigres, même de vin, sont rebelles à une clarification rapide ; ceux de grains, de jus de fruits, et tous les vinaigres d'industrie en général, ont besoin de reposer sur des copeaux pendant un temps plus ou moins long.

On obtient une conservation et une clarification parfaite en employant 30 grammes de Conservateur par hectolitre, un collage avec 15 grammes de gélatine complète le traitement.

Le Conservateur n'a qu'une action fort restreinte sur les vins aigres ou piqués, il arrête l'acescence mais ne rétablit pas le vin ; son emploi est donc à peu près inutile dans ce cas.

Pour les vins tournés, amers, filants, fermentant, etc... le Conservateur a une action énergique, mais il n'est pas possible d'indiquer le dosage nécessaire, cela dépend de l'état de maladie du vin. Il faut donc des essais successifs et sur de petites quantités, pour arriver à un dosage exact. En général, cependant, lorsque la maladie n'est pas trop avancée, le traitement suivant donne les meilleurs résultats :

Vingt grammes de Conservateur par hectolitre de vin ; 48 heures après ce mélange, collage avec 12 à 15 grammes de gélatine par hectolitre, puis après soutirage et clarification nouvelle, et addition de cinq grammes de Conservateur par hectolitre.

Enfin assure l'inventeur, on peut également l'appliquer avec avantage à la conservation des vermouths, des bières et des cidres.

Bouquet des vins : fleur de bordeaux, fleur de bourgogne. — Il ne faut pas confondre le bouquet d'un vin avec son arôme. Le bouquet est le parfum qui s'exhale, surtout lorsqu'on échauffe son verre au moyen de la chaleur de la main, alors l'odorat perçoit parfaitement le bouquet. Tandis que l'arôme, c'est la saveur qui se perçoit pendant que l'on boit le vin et même après l'avoir bu.

En d'autres termes, l'arôme est un goût de terroir et en même temps une saveur propre à chaque cépage. Le bouquet est dû à la présence plus ou moins grande des éthers œnanthiques.

Additionner un vin d'origine, ou un coupage quelconque d'un bouquet artificiel, n'est pas une fraude, c'est un acte parfaitement licite, qui n'a absolument pour objet que de rendre plus agréable une boisson commune, dépourvue d'éléments œnanthiques. Ce qui serait une fraude, c'est, si au moyen d'un bouquet factice, l'on cherchait à vendre un vin ordinaire pour un vin supérieur. Il y aurait incontestablement, dans ce fait, une tromperie sur la valeur de la chose vendue, tromperie répréhensible, qui tomberait sous le coup de la loi.

Nous mentionnerons spécialement en fait de bouquets: les *Fleurs* dites de Bourgogne et de Bordeaux, au moyen desquelles on peut communiquer instantanément aux vins de toutes origines, aussi bien qu'aux coupages, le plus généralement dépourvus de bouquet, le parfum des vins girondins ou bourguignons.

Par l'addition d'une petite quantité d'une de ces deux préparations vraiment remarquables, on donne de suite aux vins les plus ordinaires une appétence toute particulière, absolument comme on corrige l'eau fade avec une cuillerée d'un sirop de fruit quelconque.

Un litre de *Fleur de Bordeaux* ou de *Bourgogne* suffit pour donner un bouquet délicieux à 16 ou 20 pièces de vin.

Fleur de cognac. — Pour améliorer et bonifier instantanément les eaux-de-vie de vin, les eaux-de-vie provenant de la réduction des alcools rectifiés de pommes de terre, de grains, de mélasse, de betterave, on emploie avec un grand succès une préparation connue sous le nom de *Fleur de Cognac*.

Pour un hectolitre d'eau-de-vie, on emploie 60 grammes de *Fleur de Cognac*. Il suffit de verser l'esprit essentiel dans un demi litre d'eau-de-vie et ensuite de l'incorporer dans le tonneau en agitant la masse comme quand on procède au collage.

Des colorations artificielles des vins. — Moyen de les dévoiler. — *Procédé Fauré*. — On prend une certaine quantité de vin qu'on additionne de quelques gouttes d'une solution concentrée de tannin, après avoir fortement agité, on verse dans le tout, une solution de gélatine.

Le tannin ayant une grande affinité pour la matière colorante, se combine avec elle, et lorsqu'on ajoute la gélatine, on précipite le tannin ainsi que la matière colorante.

Ce phénomène ne se produit que dans les vins naturellement colorés qui passent alors au jaune paille ; tandis que les vins colorés artificiellement restent rouges.

Procédé Facon. — Sur 50 grammes de vin suspect, on jette 50 grammes de superoxyde de manganèse pulvérisé, on agite énergiquement, et on filtre ensuite : Si le liquide est clair et incolore, c'est que le vin est naturel ; s'il reste rouge c'est qu'il a reçu une certaine dose de matière colorante.

Procédé Filhol. — Si on ajoute à du vin un excès d'ammoniaque, puis quelques gouttes de sulfhydrate d'ammoniaque et qu'on filtre, le vin naturel sera vert, le vin coloré articiellement sera bleu, violet ou rouge, selon les substances qui auront servi à la coloration.

Autres procédés. — L'acide sulfureux décolore le vin naturel, ce même acide ne décolore pas les vins contenant des substances colorantes.

Un vin auquel on a ajouté de l'éther, après agitation du mélange, ne se décolore pas s'il est naturel, s'il se décolore, c'est qu'on y a introduit des matières tinctoriales.

Après avoir déterminé par un des procédés ci-dessus qu'un vin est coloré artificiellement, il s'agit ensuite de connaître la nature de la substance employée. Plusieurs méthodes ont été proposées : MM. Chevalier et Nees d'Esenbeck font usage de potasse comme réactif et ils ont obtenu les résultats suivants :

Vins colorés avec des baies d'Yèble (*Sambucus ebulus*), précipité violâtre,

— avec des mures (*Morus nigra*) précipité violâtre.

— avec du bois d'Inde (*Hœmatoxylon*

campechianum) précipité rouge violacé.

Vins colorés avec le tournesol (*Croton tinctorium*)
précipité violet clair.

— avec des baies de Troëne (*Ligustrum vulgare*) précipité violet bleu.

— avec le phytolaque (*Phytolacca decandra*) précipité jaune.

— avec le coquelicot (*Papaver rhœas*) précipité gris, passant au noir par un excès d'alcali.

— avec des baies de myrtille (*Vaccinium myrtillus*) précipité gris bleuâtre.

— avec le bois de Brésil (*Cæsalpinia brasiliensis*) précipité gris violacé.

— avec des baies de sureau (*Sambucus nigra*) précipité violet.

A cela il convient d'ajouter :

Que les vins colorés avec de la cochenille se colorent en bleu par l'alcali ;

Que les vins colorés avec la fuschine se décolorent par l'alcali et se recolorent par les acides.

MASTIC POUR BOUCHER LES FISSURES, CREVASSES ET NODOSITÉS DES CUVES ET TONNEAUX. — 1° *Mastic de soufre.* — On fond du soufre auquel on ajoute une petite quantité de cire et on verse cette composition liquide et chaude dans les cavités du bois, on peut aussi l'appliquer au pinceau. Par le refroidissement ce ciment durcit et résiste à l'action de l'eau et du vin.

2° *Mastic au fromage blanc.* — La caséine, ou matière du fromage, forme un excellent mastic avec la chaux.

On prend : chaux vive, cinq parties, fromage blanc, six parties, eau une partie. On incorpore bien la chaux en poudre dans la caséine étendue d'eau, et on applique ce mastic sur le bois, préalablement un peu humecté avec de l'eau. On comprime le mastic dans la cavité et, après durcissement, on peut verser du vin dans le foudre. Le ciment, durci, est impénétrable à l'eau et au vin et n'exerce aucune action sur les liquides.

CALABRES. — LEUR PRÉPARATION. — On nomme calabre, des préparations de matières sucrées extraites des raisins ou des moûts vinés. On les prépare à froid ou à chaud.

Calabre à froid. — Sur des moûts de raisins bien mûrs, ayant de 12 à 14 degrés de densité, on verse un cinquième de trois-six de vin à 86 degrés, ce qui donne à la préparation 17 pour cent d'alcool. On opère au sortir du pressoir et l'alcool arrête la fermentation ; si la quantité d'alcool était moindre, les moûts travailleraient.

Calabre à chaud. — La fabrication des calabres à chaud, consiste à concentrer les moûts par l'ébullition. Au sortir du pressoir, on les porte dans une chaudière et on les fait bouillir et réduire jusqu'à ce qu'ils marquent, étant chauds, de 20 à 25 degrés à l'aréomètre de Baumé ; on écume avec soin. Après avoir retiré les moûts de la chaudière, on y ajoute comme aux calabres à froid un cinquième de trois-six.

Les Calabres remplacent parfois avec avantage, surtout dans les imitations des vins liquoreux ou de liqueur, les vins mutés connus sous le nom de vins muets.

VIN CUIT CASSISSÉ. — Le vin cuit cassissé se compose

de vin de Roussillon qu'on fait bouillir avec du sucre et auquel on ajoute une addition de jus de cassis. Voilà tout le secret de la fabrication, dont Dijon a particulièrement le monopole.

Certains liquoristes procèdent autrement. Ils font bouillir le gêne (marc) de cassis avec du sucre et du vin de Collioure.

Couleur verte pour les liqueurs. — La chlorophylle ou matière colorante verte des plantes est soluble dans l'alcool, et sa dissolution le colore en vert plus ou moins foncé, selon que l'on a employé relativement beaucoup de plantes et peu de liquide spiritueux ; on peut donner ainsi au génépi, comme à tout autre liqueur, une teinte d'un vert léger et d'un vert foncé à son choix. Tant que la dissolution de la chlorophylle possède un degré alcoolique élevé, comme dans l'absinthe, la nuance est solide et ne s'altère pas en vieillissant, ni au contact de la lumière solaire. Mais si le titre alcoolique de la liqueur diminue, la matière colorante se précipite, le génépi pâlit, devient jaune de vert qu'il était. Les liqueurs qui contiennent de 28 à 30 pour cent d'alcool, colorées en vert par des matières végétales ne perdent par leur nuance.

Pour obtenir la couleur verte végétale, il suffit de faire infuser dans de l'alcool des feuilles de mélisse, de menthe, d'absinthe, de cassis, à son choix. Le génépi, qui n'est qu'une variété de petites espèces alpines d'absinthe, peut très bien servir à cet usage. Au bout de deux ou trois jours d'infusion, les plantes se sont décolorées et l'alcool en a pris toute la couleur. On se sert quelquefois des feuilles d'orties ou d'épinards qui donnent de la couleur sans y ajouter aucune odeur particulière.

L'infusion alcoolique des plantes vertes étant faite à froid ou à chaud, a besoin d'être filtrée avant de l'employer à la coloration des liqueurs. On conserve cette infusion, ainsi que les liqueurs vertes à l'abri de l'action directe des rayons du soleil, qui altère plus ou moins toutes les couleurs.

COLORATION DU VINAIGRE. — Pour colorer le vinaigre blanc et lui donner une teinte marchande, on fait habituellement usage de fleurs de roses trémières. La rose trémière ou passe-rose réussit très facilement partout. On la sème au mois d'août, et on choisit, dans le cas qui nous occupe, la variété noire qui fournit le plus de matière colorante. En l'absence de roses trémières, on pourra également colorer le vinaigre avec une décoction de baies de myrtille (airelles) desséchées au four et mises en ébullition avec du vinaigre. Le suc de myrtille est d'un beau rouge foncé et complétement inoffensif pour la santé des consommateurs. Si enfin on n'a pas de baies de myrtilles, on peut encore employer quelques litres de bon vin de Narbonne ou de Cahors très foncé en couleur.

CIRE A BOUTEILLE. — Le goudronnage des bouchons est indispensable, quand on veut garder longtemps intacts des vins en bouteilles.

Voici différentes manières de se procurer une bonne cire à bouteilles.

On fait fondre 2 parties de cire jaune et on y ajoute ensuite 4 parties de colophane et 4 parties de poix. Dès que ce mélange est bien fluide, on y enfonce les goulots des bouteilles fermées en les tournant en sens horizontal afin de répartir uniformément la couche de goudron. Celle-ci ne doit pas avoir une épaisseur de plus d'un demi-millimètre. On ajoute quelquefois à ce mélange 2 parties de gomme laque pour lui communiquer plus de transparence, de solidité et une belle couleur.

On prépare un mastic analogue en prenant : cire jaune 20 grammes, colophane 20 grammes, poix résine 60 grammes. On fait fondre la cire, puis on ajoute les résines.

On peut fabriquer un excellent goudron pour trois cents bouteilles, avec un kilogramme de poix résine, un demi-kilogramme de poix de Bourgogne, deux cent cinquante grammes de cire jaune et cent vingt-cinq grammes de mastic rouge, qu'on fait fondre dans un vase de terre ou de préférence dans une marmite de fonte. On a soin de retirer le goudron du feu, lorsqu'il monte et de le remuer avec une spatule; ensuite on le remet sur le feu jusqu'à ce que le tout soit bien fondu. A défaut de cire, on emploie un peu de suif; 90 grammes suffisent pour la quantité ci-dessus indiquée. Si l'on en mettait trop, le goudron ne durerait point assez et fondrait dans les mains quand on prendrait les bouteilles. Lorsqu'on n'ajoute au mélange ni cire, ni suif, le goudron est trop sec et se détache.

Avec un kilogramme de galipot, 500 grammes de résine et 125 grammes de cire jaune, fondues comme ci-dessus, on obtient un goudron qui coiffe très bien les bouteilles.

On fait aussi un fort bon goudron avec deux kilogrammes de poix de Bourgogne, un kilogramme de poix résine et un peu de suif.

On emploie ces différents goudrons tels qu'ils sont

produits ou bien on les colore à volonté de la manière suivante.

En beau rouge avec 45 grammes de vermillon fin, que l'on mêle au goudron lorsqu'il est fondu, en le remuant avec une spatule ; en rouge foncé avec de l'ocre rouge ; en noir avec de l'orpin et du bleu de Prusse ; en bleu, avec du bleu de Prusse. Le mélange des différentes couleurs produit d'autres nuances plus ou moins foncées, selon la quantité que l'on introduit de chacune d'elles.

Quelques personnes mettent aussi de l'aventurine ou de la poudre brillante jaune, telle que l'on en met sur l'écriture.

Quand on est dans le cas de faire chauffer à plusieurs reprises le même goudron, on met un ou deux verres d'eau au fond de la marmite pour empêcher que l'action du feu le fasse noircir. Lorsque le goudron se réfroidit, il devient épais ; on le réchauffe pour éviter qu'il s'en attache trop au goulot des bouteilles.

CAPSULAGE DES BOUTEILLES A LA GÉLATINE ET A LA GLYCÉRINE. — En associant la gélatine à de la glycérine, on obtient un mélange liquide à chaud qui se solidifie à froid tout en restant ductile, et qu'on peut utiliser pour pratiquer la fermeture, à la fois hermétique et élégante des bouteilles, en place des capsules métalliques ordinaires.

On opère de la manière suivante :

De la gélatine sèche est recouverte d'eau froide, elle s'y gonfle et en absorbe une certaine quantité. Au bout de 12 heures, on décante l'excès d'eau, on fait fondre la gélatine ainsi hydratée au bain-marie, et l'on ajoute la glycérine.

Les proportions sont environ 45 grammes de glycérine pour 500 grammes de gélatine; ou une partie de glycérine sur dix ou douze parties de gélatine.

On plonge le col de la bouteille, fermé avec un bouchon ordinaire, dans la solution chaude, comme s'il s'agissait de la cacheter avec de la cire. En répétant l'opération plusieurs fois, la couche de gélatine peut être rendue aussi épaisse qu'on veut; il faut seulement avoir soin de laisser bien refroidir et solidifier une couche, avant d'en appliquer une nouvelle. Rien n'empêche de colorer et d'arômatiser la solution glycérique de gélatine d'une foule de manières et même d'y ajouter des substances qui la préservent contre les attaques des insectes et autres animaux.

Mèches a muter et a soufrer. — Ces mèches sont des bandes de toile, que l'on a trempées à plusieurs reprises dans du soufre fondu, selon l'épaisseur que l'on désire donner à la couche dont on les enduit. Il vaut mieux généralement employer les mèches dont la couche de soufre est épaisse, que celle où elle n'est que superficielle, surtout dans le traitement des vins, parce que la combustion de la toile pourrait leur donner un goût désagréable.

Autre procédé: Après avoir fait fondre sur un feu modéré un kilogramme de soufre en canon, on y mêle les aromates suivants:

Dix grammes iris de Florence, quinze grammes coriandre, dix grammes anis, sept grammes quatre épices fines.

Aussitôt le mélange opéré, on plonge dans le liquide, des bandes de toile préparées à l'avance.

CHAPITRE VII

Des Coupages.

Le coupage ou mélange des vins est un art qui pour objet : soit de donner une saveur égale à des vins de même nature, mais de cuvées diverses, soit de produire avec des vins naturels inférieurs un vin marchand et de bon goût, soit enfin d'améliorer par le mélange, des vins différents, possédant des qualités ou des défauts contraires.

Ainsi donc, par d'intelligents coupages, on parvient à améliorer les vins médiocres, à donner de la couleur à ceux qui en manquent, à remonter les vins peu alcooliques sans les viner, à détruire ou au moins à affaiblir les saveurs et arômes qui répugnent à la consommation, et, dans quelques cas exceptionnels, à rétablir certains vins malades.

Le coupage des vins peut donc dans un grand nombre de circonstances être d'une incontestable utilité et rendre de signalés services, aussi bien à la production, qu'au commerce et à la consommation. C'est, du reste, ce que nous allons prouver ci-après.

Mais nous demandera-t-on, le coupage des vins est-il un acte licite ? n'est-ce pas une falsification ? un coupage n'est-il pas enfin une tromperie dissimulant la nature et la valeur de la chose vendue ?

Nous ne le croyons pas plus, que si on accusait

un vigneron de fraude, lorsqu'il mêle à la cuve le produit de différents cépages, en vue d'obtenir un vin meilleur, d'une consommation plus courante et d'un débit plus facile.

D'ailleurs, les coupages ne se font, en général, que sur des vins ordinaires. Il y aurait folie à couper les vins classés du Bordelais, de la Bourgogne, de l'Hermitage, du Mâconnais, du Beaujolais, etc.. Et nous ne voyons aucune culpabilité à faire un petit vin « façon Bordeaux », avec un composé de Narbonne, de Cahors et un vin de Palus ou de Côtes Bordelaises. Ceci est si vrai que l'administration reconnaît, comme excessivement licite, ce genre de mélange.

Voici du reste, ce que disait à ce sujet le *Moniteur vinicole* en 1865 :

« En principe, le coupage est non seulement une opération licite, mais il est utile, pour ne pas dire indispensable. Le coupage honnête et intelligent n'est que le corollaire de l'action du producteur. En effet, que fait celui-ci, lorsqu'il reconnaît que tel cépage a certains défauts ? Il cherche un ou deux cépages dont les qualités compensent ou annihilent ces défauts, et dans des proportions que son expérience lui enseigne.

« Pourquoi donc le commerce n'agirait-il pas de même, à l'égard des vins dont il corrige les défauts, par des mélanges habilement étudiés ? Ici tous les intérêts sont servis : Celui du producteur, placé dans des conditions telles qu'il ne peut produire que certaines qualités de vins ; celui du commerce, qui tire partie de vins médiocres, et enfin celui du consommateur, qui obtient à des prix raisonnables des vins sains et agréables, au lieu de boissons qu'il n'eût pu boire dans leur état naturel. » (*Moniteur vinicole*, octobre 1865).

Parmi les hommes qui se sont le plus occupés de la question du coupage des vins, il nous faut citer M. Bouchardat. Voici, sur ce point comment s'exprime le savant œnologiste :

« Un vin a passé son temps, il tourne à l'amertume, il est trop dépouillé de ses matières colorantes et de son tartre ; on le rajeunit en le mélangeant avec un dixième ou un cinquième d'un vin plus nouveau ou plus corsé. Après trois ou quatre mois et après collage et soutirage, on a un produit meilleur que les deux composants. Un vin fourni par le cépage le *cabernet* n'a pas assez d'étoffe : on y ajoute un dixième de vin produit par le cépage *côt*, on lui donne ainsi du corps et on assure sa conservation. Un vin récolté une année défavorable, contient un grand excès d'acide libre, il pèche par le défaut d'alcool et de matière colorante ; on y ajoute 1/20ᵉ, 1/15ᵉ, 1/10ᵉ d'un vin à la fois alcoolique, sucré et très coloré. On le conserve ainsi, en vase clos et dans une cave fraîche, on attend trois ou quatre mois pour laisser se terminer une nouvelle fermentation, que le mélange développe souvent, on colle, on soutire, et on a un produit plus salutaire et plus agréable que les deux vins intervenants. Voilà des mélanges qui s'opèrent journellement dans les pays de production, et que, loin de blâmer on doit propager et encourager parce qu'ils tendent à perfectionner des produits naturels.

En général, les vins consommés à Paris sont composés de différents crus, susceptibles, comme on le dit dans le commerce, de se bonifier, de se compléter les uns par les autres.

Aux vins de *gamay* faibles et plats, aux vins de *cabernet* venus en plaine et en terre argileuse, qui manquent également de feu, et que l'on désigne dans le commerce sous le nom de petits Bordeaux, on ajoute des vins blancs alcooliques ; pour donner au mélange de l'énergie, on ajoute du vin rouge, par exemple, produit par le cépage *côt*, désigné dans le commerce sous les noms de vins de Cahors ou vins du Cher, suivant la provenance, afin de communiquer au produit du corps et un bon goût.

On y ajoute souvent encore des vins sucrés alcooliques du Languedoc, à l'effet de flatter le palais. On décore ce nouveau vin d'un nom commercial modeste : ainsi selon que le *gamay* ou le *cabernet* domine, c'est du petit Bordeaux ou du Mâcon ordinaire ; et le consommateur, qui veut toujours avoir du même vin, s'accommode à merveille de ce mélange qui, quelle que soit l'année, est toujours semblable à lui-même, car le marchand intelligent sait, pour atteindre ce but, varier les proportions des vins qu'il emploie.

Les marchands expérimentés ne font entrer dans leurs mélanges que des vins fins, qui ne contiennent pas de sucre en excès.

Tous ces mélanges, même les plus heureusement faits, sont bien loin d'égaler, sous aucun rapport, des vins de pineau ou de cabernet de bon sol et de bonne exposition, bien dépouillés et devenus stables par une conservation de quatre ou cinq ans, et des soutirages exécutés à propos. Mais ces pratiques sont cependant indispensables pour aider à la consommation des vins inférieurs qu'on récolte en abondance. »

Voici sur le même sujet comment s'exprime M. Boireau, de Bordeaux :

« Les coupages doivent avoir surtout pour but d'a-
méliorer les vins. On doit donc, par ce moyen, chercher à donner autant qu'il est possible aux vins ordinaires, les qualités que l'on recherche dans les
vins fins. On sait que ces derniers se distinguent des
vins ordinaires par la suavité de leur bouquet et
de leur sève, leur mœlleux et le goût de fruit qu'ils
conservent en vieillissant. Les vins ordinaires (nous
ne parlons pas ici des vins communs ou vicieux par
nature, mais bien des petites côtes de la Gironde
neutres et sans altération) qui ont assez de spiritueux
pour se conserver, mais qui n'ont pas de bouquet et
dont la sève est peu prononcée, ont rarement le goût
de fruit ; ils peuvent quelquefois avoir eu du mœlleux
étant nouveaux, mais ils le perdent rapidement et
deviennent secs, dès leur deuxième année.

Il convient donc de leur donner naturellement par
le seul emploi de vins convenables du même âge,
du bouquet, de la sève et du mœlleux, ou du moins
de leur ôter la sécheresse, chose très difficile. On y
parvient, en partie cependant, en les opérant avec des
vins des mêmes vignobles, mais dont le bouquet et la
sève sont très expansibles, et en y joignant des vins
mœlleux neutres. Ces sortes d'opérations très délica-
tes, ne sauraient se détailler d'une manière précise,
parce qu'elles varient, selon les genres de vin que l'on
a à traiter. »

Ceci est excessivement vrai et voilà justement
pourquoi, on ne trouve dans aucun ouvrage des renseignements sur les coupages. Tous les auteurs se
bornent à émettre quelques principes généraux,
comme nous venons nous même de le faire. En effet,
les vins diffèrent de nature, suivant les années, celles-

ci varient selon la température, et à son tour la température influe sur la maturité, sur l'époque de la récolte et par suite sur la qualité des vins ; si bien que les coupages peuvent varier, selon les années, selon les localités, selon les climats et même selon les cuvées dont on dispose. Il n'y a en réalité aucune règle fixe, aucune donnée mathématique. C'est pourquoi, nous avons dit, que cette opération était un art, car elle est subordonnée à l'intelligence, au savoir et à la longue expérience de l'opérateur.

Ceci est si vrai que chaque vigneron, chaque commerçant a sa pratique, qui lui est particulière, qui est pour lui un secret. Aussi ne voit-on jamais un négociant en vin procéder ostensiblement à cette opération.

A Bercy, à l'Entrepôt, les coupages de vin se font dans le huis-clos le plus absolu. A Bordeaux, sur le quai des Chartrons, on n'entre pas dans les chais au moment où les négociants procèdent à leurs coupages, et il en est de même dans tous les autres centres vinicoles.

Le vigneron ne se cache pas cependant lorsqu'il procède au mélange de son vin, mère-goutte avec son vin de presse, quand il veut obtenir un vin uniforme *tête* et *queue*. C'est cependant là une espèce de coupage. Mais là, les principes sont naturellement déterminés à l'avance, l'intelligence du vigneron n'y est pour rien, ou au moins pour peu de chose. Il n'en est pas de même, lorsqu'il s'agit de combiner un mélange de vins de différentes natures, en vue d'obtenir une boisson marchande et de consommation courante.

Pour arriver à faire de bons coupages, il faut parfaitement se pénétrer des trois principes qui suivent :

Si l'on mélange des vins du Midi avec des vins du Nord, il se produit une fermentation qui donne un vin nouveau participant tant au point de vue de ses défauts que de ses qualités des deux vins mis en œuvre, mais cependant différant essentiellement des deux liquides pris en particulier.

Un coupage, pour être rationnellement fait, en d'autres termes pour obtenir un vin homogène de goût et d'arôme, on doit opérer sur une quantité de trente hectolitres au moins ; dans ce cas, seulement, la fermentation latente, résultant du mélange, s'opérera uniformément et dans de bonnes conditions.

Après l'opération, le vin doit rester en repos pendant deux ou trois mois avant d'être livré à la consommation.

Mais ces principes essentiels ne suffisent pas encore, il faut aussi parfaitement connaître la classification méthodique des vins par rapport aux coupages. Cette connaissance ne s'acquiert que par une longue expérience ; cependant les œnologistes sont d'accord sur un certain nombre de crûs d'un emploi général et usuel, crûs dont voici la nomenclature :

Vins du Midi :

Roussillon : (Pyrénées-Orientales), Rivesaltes, Argelès, Baixas, St-Jean-Lasseille, Banyuls, Sorrède, Corneilla, Ribera, etc.

Languedoc : (Aude), Narbonne — (Hérault) St-Christol, St-Geniès, St-Drézery, Vevargues, Castries, St-Georges, Orques etc... — (Gard) Roquemaure, Bagnols, Saint-Gilles, etc... — (Tarn) Gaillac, Caisaguet, St-Juery, St-Amarans, Cunac, etc...

Outre les vins du Midi, on fait aussi usage dans

les coupages des vins provenant du Puy-de-Dôme, de la Loire, du Cher, du Loir-et-Cher, du Loiret, et des Charentes.

Avec les vins du Midi on coupe les vins du Nord, on coupe également les vins ordinaires du Centre, de l'Est et de l'Ouest, soit pour les améliorer, soit pour leur donner de la couleur, soit pour les remonter.

Afin de bien faire comprendre l'utilité des coupages, nous allons donner les caractères qui distinguent les vins de certains vignobles : Ceux de Seine-et-Oise, département qui donne encore en moyenne 323,000 hectolitres de vin, et ceux de Narbonne. Ce seul exemple permettra non seulement d'apprécier les deux vignobles, mais encore d'en déduire cette conséquence que l'un semble avoir été créé pour corriger l'autre.

Ainsi, les vins de Seine-et-Oise et à peu d'exceptions près, les vins ordinaires des départements du Nord, sont des vins vifs, mordants, acerbes, âpres, durs, chargés de tartre en excès, peu colorés, n'ayant ni bouquet, ni sève, ni vinosité, sans mâche, sans moelleux, possédant un arôme désagréable et persistant.

Le vin de Narbonne est charnu, chaud, liquoreux, il a de la mâche, il est coloré, et possède une sève assez agréable et persistante.

Afin de mieux faire saisir encore la différence, défauts et qualités des vins, nous prendrons comme exemple un vin du même crû c'est-à-dire : les bordeaux fins et les Bordeaux ordinaires.

Les premiers sont des vins nerveux, froids, astringents, colorés, vineux, fermes quand ils sont nouveaux, moelleux ensuite, veloutés, délicats, parfumés, d'un bouquet agréable, d'une bonne sève.

Les seconds sont secs, acerbes, astringents, colorés, fermes, vineux, sans parfum et sans arôme. Leur sève est nulle.

En présence de ces différences, qui pourrait nous blâmer de répéter encore une fois, que le coupage des vins est une opération utile, nécessaire, indispensable ; que les mélanges ne sauraient être répréhensibles et réputés dangereux ou frauduleux, que quand ils sont opérés sans discernement, ou pour violer la loi, ou pour voler le consommateur en le trompant sur la nature et l'origine du vin qu'il croit acheter.

Mais, nous dira-t-on, tout ce que vous venez de dire ne nous enseigne toujours pas la formule des coupages, et c'est justement ce qui nous est nécessaire. Vous nous dites que chacun a son secret et que celui-ci se transmet de père en fils ou de successeur à successeur; mais celui qui débute dans la carrière n'a pas d'antécédents, et, dans ce cas, comment doit il procéder?

Nous le répéterons, la réponse est difficile. Pour le prouver une dernière fois, et avant de nous exécuter, nous donnerons encore un exemple.

A Paris, là où les vins de coupages forment la règle de la consommation courante, est-ce que ceux-ci sont les mêmes pour toute la ville? Évidemment non! L'épicerie a un coupage à elle, le marchand de vin au comptoir a un coupage à lui, et ces coupages diffèrent de quartier à quartier. Ce qui convient à la Chaussée-d'Antin, ne conviendrait pas au quartier Mouffetard, ce qui convient au Faubourg-St-Honoré ferait *fiasco* à Belleville ou au Faubourg-St-Antoine. Tout ceci démontre une fois de plus combien il faut se méfier des formules générales; nous en excepterons, dans une certaine mesure, celles que nous donnons ci après de 1re, 2e, 3e et 4e cuvée, qu'on prépare journellement à Bercy et à l'Entrepôt et qui alimentent, en général, le commerce de détail et de consommation courante, des marchands de vins de la ville de Paris.

Nous engageons donc le lecteur à n'accepter qu'avec réserve les proportions que nous indiquons ci après, car chaque année, chaque saison doit donner lieu à de nouvelles études et par suite, à des modifications proportionnelles.

Examinons d'abord les coupages au point de vue de l'amélioration des vins médiocres.

Supposons un vin des Iles: La Flotte, Ré, Oléron et autres vignobles du littoral charentais, pour en faire un vin de vente sur les comptoirs de Paris. Nous ferons le coupage suivant:

Vin de la Flotte.................... 20 hectolitres
Vin du Cher....................... 10. —
Vin de Narbonne................... 10 —

Total.......... 40 hectolitres

Supposons un petit vin léger du Bordelais, voici comment nous le traiterons:

Vin léger de Bordeaux........... 20 hectolitres
Vin de Cahors.................... 10 —

Total....... 30 hectolitres

Supposons qu'à Bercy on veuille faire un vin capable d'être vendu au comptoir sous le nom de petit Bordeaux. Nous prendrons:

Vin de Mâcon....................	10	hectolitres
Vin de Narbonne ou Tavel........	10	—
Vin de l'Ain (Bugey).............	10	—
Vin sec et dur..................	10	—
Total......	40	hectolitres

Supposons qu'on veuille faire une imitation de Bourgogne ou Mâcon, on fera alors le coupage suivant :

Vin de Roussillon ou de Narbonne.	10	hectolitres
Vin de Tavel.....................	10	—
Vin du Cher.....................	10	—
Vin du Loiret ou Loir-et-Cher...	10	—
Vin blanc ordinaire.............	10	—
Total.......	50	hectolitres

Dans la Gironde, on expédie en Angleterre, sous le nom de Bordeaux, le coupage suivant :

Vin de Bordeaux.................	18	hectolitres
Vin d'Espagne...................	3	—
Vin noir du Midi	6	—
Alcool.........................	1	—
Total.........	28	hectolitres

VINS DITS DE CUVÉE, PRÉPARÉS A BERCY.

Vins de 1re *cuvée*, généralement composés avec des vins vieux et dépouillés.

Roussillon 1er choix, ou Narbonne ou Marseille...............	8	hectolitres.
Bordeaux ou Mâcon..............	8	—
Châteauneuf....................	4	—
Cher	8	—
Anjou blanc ou Tavel...........	4	—
	32	hectolitres

Vins de 2e *cuvée* ; généralement préparés avec

des vins vieux et nouveaux, ou vins moins bien choisis.

Roussillon, Narbonne ou Marseille	8	hectolitres
Cher vieux....................	4	—
Cher nouveau.................	4	—
Côtes du Rhône ou similaire....	12	—
Anjou blanc vieux.............	2	—
Midi : St-Gilles ou Lésignan....	2	—
	32	hectolitres

Vins de 3e cuvée; mélange de vins vieux et nouveaux.

Espagne 1er choix, corsé et franc de goût....................	8	hectolitres
Cher ou moitié Cher et moitié Côtes du Rhône..............	8	—
Midi : Lésignan, Langlade ou Lunel......................	8	—
Vin blanc Sologne ou Entre-deux-Mers	4	—
Petit Midi....................	4	—
	32	hectolitres

Vins de 4e cuvée; mélange de vins nouveaux.

Espagne ou Montagne noir.	8	hectolitres
Midi, petit vin...............	12	—
Cher ou Orléans..............	4	—
Vin de lie de magasin..........	2	—
Petit vin blanc...............	2	—
Vin à la demande, selon qu'on veut remonter la cuvée en couleur ou en goût.........	4	—
	32	hectolitres

Lorsqu'il s'agit de colorer, au moyen de coupage, un vin faible en couleur, voici un mélange que nous conseillons :

Vin rouge ordinaire léger.........	8 hectolitres
Vin blanc........................	16 —
Vin rouge, Roussillon, Narbonne,	
Cher ou autre très-coloré........	8 —
Total...........	32 hectolitres

S'il s'agit de remonter des vins faibles en alcool, on prendra :

Vin à remonter..................	24 hectolitres
Vin du Midi, Narbonne, Roussillon	
à 14 ou 15°.....................	8 —
Total...........	32 hectolitres

Enfin, dans le cas où l'on aurait à traiter, au moyen des coupages, des vins malades, voici quelques formules :

Pour guérir un vin amer :

Vin amer........................	2 hectolitres
Vin nouveau.....................	4 —
Lie fraîche.....................	3 litres
Vin muet........................	10 litres

Pour guérir un vin mauvais goût.

Vin mauvais goût................	2 hectolitres
Vin ordinaire...................	4 —
Vin muet........................	6 litres
Alcool..........................	4 litres
Fleur de Bourgogne ou de Bordeaux	mémoire

Pour guérir le mauvais goût de terroir.

Vin ayant goût de terroir.......	2 hectolitres
Vin rouge bon goût..............	4 —
Vin muet........................	6 litres
Fleur de Bourgogne ou de Bordeaux	mémoire

Nous terminerons ce chapitre en donnant la formule de quelques vins d'imitation, composés soit pour l'importation, soit pour flatter la vanité de consommateurs désireux de boire, à bas prix, une apparence de grands crus.

BOURGOGNE.	Vin rouge du Midi (Roussillon ou Narbonne.....	55 litr.	
—	Vin blanc.............	25 —	
—	Vieux vin d'alicante rouge	10 —	} 100 l.
—	Vieux vin de Xérès.....	5 —	
—	Vin noir de Narbonne...	5 —	

CLOS-VOUGEOT.	Vin rouge (Narbonne ou Roussillon.............	75 —	
—	Vin d'alicante rouge....	10 —	
—	Vin de Xérès...........	5 —	} 100 l.
—	Vin de Malaga.........	5 —	
—	Vin de Madère.........	5 —	

CHAMBERTIN.	Vin rouge vieux (Narbonne ou Roussillon)..	65 —	
—	Vin blanc.............	15 —	
—	Vin de Madère........	10 —	} 100 l.
—	Vin de Xérès..........	5 —	
—	Vin de Malaga........	5 —	

BORDEAUX.	Vin rouge du Midi (Narbonne ou Roussillon)...	60 —	
—	Vin blanc de bonne qualité	25 —	} 100 l.
—	Vin vieux d'alicante rouge	12 —	
—	Vin vieux de Malaga....	3 —	

CHAT. MARGAUX	Vin vieux de Narbonne...	47 —	
—	Vin blanc léger........	20 —	
—	Vin de Xérès..........	10 —	} 100 l.
—	Vin d'alicante rouge....	20 —	
—	Vin de Malaga.........	3 —	

SAUTERNE.	Vin blanc vieux........	55 —	
—	Vin blanc sec..........	25 —	} 100 l.
—	Vin de Xérès..........	10 —	
—	Vin de Madère........	10 —	

GRAVES.	Vin blanc.............	65 —	
—	Vin blanc sec et léger...	20 —	} 100 l.
—	Vin de Madère........	10 —	
—	Vin de Xérès..........	5 —	

CHAPITRE VIII

Classification des Vins de France.

Ce chapitre nous paraît être d'une absolue nécessité. En effet, les vignerons ainsi que les commerçants en vins, doivent connaître la valeur des vins
français, leur classification par province, par département et par ordre de mérite. Un vigneron, travail-
leur ou propriétaire, un négociant en vins ne doit pas
ignorer certains chiffres statistiques, d'une grande
et incontestable utilité dans la pratique : tel par
exemple que l'ordre viticole des vins de France, lui
indiquant l'importance de la superficie plantée en vignes, la surface totale de chaque département, ainsi
que l'espace occupé par la vigne dans chacun d'eux.
La moyenne du rendement en vin par hectare, le
prix moyen de l'hectolitre, le revenu brut par hectare
et enfin le revenu viticole par département. Ce sont
donc ces différents documents qui vont faire l'objet
de ce huitième chapitre.

AIN.

Région de l'Est.
Province de Bresse, Bugey et Gex.
Ordre viticole, 41
Superficie totale du département, 579,897 hectares
Superficie viticole, 19,000 hectares.

Rendement moyen par hectare, 45 hectolitres.

Prix moyen de l'hectolitre, 25 francs.

Revenu brut par hectare, 1,125 francs (Frais de culture non déduits).

Revenu viticole du département, 21,375,000 francs.

Production départementale : vins ordinaires et communs.

Vins rouges par ordre de mérite : Seyssel, Champagne, Machurat, Tallissieux, Culoz, Anglefort, Groslée, St-Benoist, Virieux, Cerveyrieux, St-Rambert, Torcieux, Ambérieux, Vaux, Lagnieux, St-Sarlin, Villebois, l'Huis, Montmerle, Thoissey, Montagnieux et les vins dits de Revermont dans l'arrondissement de Bourg.

Vins blancs par ordre de mérite : Seyssel et Pont de Veyle.

AISNE.

Région du Nord-Est.

Province de Flandre et Picardie.

Ordre viticole, 60.

Superficie totale du département, 735,200 hectares.

Superficie viticole, 8,000 hectares.

Rendement moyen par hectare, 40 hectolitres.

Prix moyen de l'hectolitre, 20 francs.

Revenu brut par hectare, 800 francs (Frais de culture non déduits).

Revenu viticole du département, 6,400,000 francs.

Production départementale : vins ordinaires et communs.

Vins rouges par ordre de mérite : Cussy, Bellevue, Pargnant, Craonnelle, Craonne, Jumigny, Vassogne, Roucy, Laon, Crépy, Bièvres, Orgeval, Mont-

Chalons, Vourcienne, Ployard, Arancy, Château-Thierry et Vailly.

Vins blancs par ordre de mérite : Pargnant, Cussy, Château-Thierry et Charly.

ALLIER.

Région du Centre-Nord.
Province du Bourbonnais et du Nivernais.
Ordre viticole, 44.
Superficie viticole du département, 730,837 hectares.
Superficie viticole, 17,000 hectares.
Rendement moyen par hectare, 30 hectolitres.
Prix moyen de l'hectolitre, 20 francs.
Revenu brut par hectare 600 francs (Frais de culture non déduits).
Revenu viticole du département, 10,200,000 francs.

Production départementale : Vins ordinaires et communs.

Vins rouges par ordre de mérite : St-Pourçain, la Chaise, Creuzier-le-Vieux et Creuzier-le-Neuf.

Vins blancs par ordre de mérite : St-Pourçain, la Chaise et les Creuziers.

ALPES (Basses-).

Région du Sud-Est.
Province de Provence.
Ordre viticole, 47.
Superficie totale du département, 700,000 hectares.
Superficie viticole, 16,000 hectares.
Rendement moyen par hectare, 20 hectolitres.
Prix moyen de l'hectolitre, 25 francs.
Revenu brut par hectare, 500 francs (Frais de culture non déduits).
Revenu viticole du département, 8,000,000 de francs

Production départementale: Vins ordinaires et communs.

Vins rouges par ordre de mérite: de Digne et notamment le vin de Mées.

Vins blancs par ordre de mérite: non dénommés.

ALPES (Hautes-).

Région de l'Est.
Province du Dauphiné.
Ordre viticole, 62.
Superficie totale du département, 558,961 hectares.
Superficie viticole, 6,000 hectares.
Rendement moyen par hectare, 30 hectolitres.
Prix moyen de l'hectolitre, 25 francs.
Revenu brut par hectare, 750 francs (Frais de culture non déduits).
Revenu viticole du département, 4,500,000 francs.

Production départementale: Vins ordinaires et communs.

Vins rouges par ordre de mérite: La Roche de Jarjaie, de Letret, de Châteauneuf, de Charbre, de la côle de Nèfles,

Vins blancs par ordre de mérite: La Clairette de la Saulce dans l'arrondissement de Gap.

ALPES MARITIMES.

Région du Sud-Est.
Province de Provence.
Ordre viticole, 32.
Superficie totale du département, 383,900 hectares.
Superficie viticole, 25,000 hectares.
Rendement moyen par hectare, 16 hectolitres.
Prix moyen de l'hectolitre, 30 francs.

Revenu brut par hectare : 480 francs (Frais de culture non déduits).

Revenu viticole du département : 12,000,000 de francs.

Production départementale : vins ordinaires.

Vins rouges par ordre de mérite : La Gaude, Bellet, Puget-Theniers, Nice, Cagne, La Colle, St-Laurent-du-Var, St-Paul.

Vins blancs par ordre de mérite : non dénommés.

ARDÈCHE.

Région du Centre-Sud.
Province du Languedoc.
Ordre viticole, 25.
Superficie totale du département, 552,665 hectares.
Superficie viticole, 30,000 hectares.
Rendement moyen par hectare, 24 hectolitres.
Prix moyen de l'hectolitre, 25 francs.
Revenu brut par hectare, 600 francs (Frais de culture non déduits).
Revenu viticole du département, 18,000,000 de francs.

Production départementale : Vins fins et ordinaires.

Vins rouges par ordre de mérite : 1re classe : Cornas, du canton de St-Peray, St-Joseph. 2e classe : Mauves, Limony, Sara, Vion, Aubenas, l'Argentière.

Vins blancs par ordre de mérite : St-Peray, Clos-Gaillard, St-Jean, Guilhérand.

ARDENNES.

Région du Nord-Est.
Province de la Champagne.
Ordre viticole, 68.
Superficie totale du département, 523,289 hectares.

Superficie viticole, 1,300 hectares.

Rendement moyen par hectare, 36 hectolitres.

Prix moyen de l'hectolitre, 23 francs.

Revenu brut par hectare, 828 francs (Frais de culture non déduits).

Revenu viticole du département, 1,100,000 francs.

Production départementale: Vins communs.

Vins rouges par ordre de mérite: Vouziers, Rethel, Sédan.

Vins blancs par ordre de mérite: Les paillets de Balay, près Vouziers.

ARIÈGE.

Région du Sud-Ouest.

Province du Languedoc.

Ordre viticole, 42.

Superficie totale du département, 454,000 hectares.

Superficie viticole, 18,000 hectares.

Rendement moyen par hectare, 15 hectolitres.

Prix moyen de l'hectolitre, 17 francs.

Revenu brut par hectare, 255 francs (Frais de culture non déduits).

Revenu viticole du département, 4,590,000 francs.

Production départementale: Vins communs.

Vins rouges par ordre de mérite: Des Bordes, de Campagne, de Teilhet et d'Engravies.

Vins blancs par ordre de mérite: de Mirepoix

AUBE.

Région du Centre-Nord.

Province de la Champagne.

Ordre viticole, 34.

Superficie totale du département, 600,130 hectares.

Superficie viticole, 23,000 hectares.

Rendement moyen par hectare .30 hectolittes

Prix moyen de l'hectolitre, 25 francs.

Revenu brut par hectare, 750 francs (Frais du culture non déduits).

Revenu viticole du département, 17,250,000 francs.

Production départementale : Vins fins ordinaires et communs.

Vins rouges par ordre de mérite : 1re classe : Les Riceys et particulièrement (les clos Veluc, Foret, Violette, Roties, Tronchoit, Boudier, Rolier, Foiseul, Chenepot, Champeaux, Champeloche); Balnot sur la Laigne, Avirey, Bagneux la Fosse. 2e classe : Bouilly, Laines-aux-bois, Javernant, Souligny, Bar-sur-Seine, Bar-sur-Aube, Gyé, Neuville, Landreville et Villenoxe.

Vins blancs par ordre de mérite : Les Riceys, Bar-sur-Aube, Rigny le Feron, Villenoxe.

AUDE.

Région du Sud-Est.

Province du Languedoc.

Ordre viticole, 9.

Superficie totale du département, 526,000 hectares.

Superficie viticole, 80,000 hectares.

Rendement moyen par hectare, 40 hectolitres.

Prix moyen de l'hectolitre, 18 francs.

Revenu brut par hectare, 720 francs (Frais de culture non déduits).

Revenu viticole du département, 58,000,000 de francs.

Production départementale : Vins ordinaires et communs.

Vins rouges par ordre de mérite : Fitou, Leucate, Treilles, Portel, Névian, Villedaigne, Mirepeisset, Argeliers, St-Nazaire, La Grasse, Alet et Narbonne.

Vins blancs par ordre de mérite : Limoux (Blanquette de) Magrie.

AVEYRON.

Région du Centre-Sud.
Province du Rouergue.
Ordre viticole, 37.
Superficie totale du département, 882,171 hectares.
Superficie viticole, 20,000 hectares.
Rendement moyen par hectare, 35 hectolitres.
Prix moyen de l'hectolitre, 20 francs.
Revenu brut par hectare, 700 francs (Frais de culture non déduits).
Revenu viticole du département, 14,000,000 de francs.

Production départementale : Vins ordinaires et communs.

Vins rouges par ordre de mérite : Lancedat, Agnac, Macillac, Gradels, Cruon, Rodez.

Vins blancs par ordre de mérite : Non dénommés.

BOUCHES-DU-RHONE.

Région du Sud-Est.
Province de Provence.
Ordre viticole, 14.
Superficie totale du département, 601,960 hectares.
Superficie viticole, 45,090 hectares.
Rendement moyen par hectare, 20 hectolitres.
Prix moyen de l'hectolitre, 20 francs.
Revenu brut par hectare, 400 francs (Frais de culture on déduits).
Revenu viticole du département : 18,000,000 de francs.

Production départementale ; Vins de liqueurs ordinaires et communs.

Vins rouges par ordre de mérite : 1ʳᵉ classe : Séon-

Saint-Henri, Séon-Saint-André, Saint-Louis, Sainte-Marthe, Cuques, Château-Gombert, Saint-Jérôme, les Olives. 2e classe : Arles, Château-Renard, Eguilles, Orgon, Saintes-Maries, Tarascon, Aubagne Geménos, Auriol, Cuges, La Camargue, Marignane, les Milles, La Fare, Saint-Cannat, Gardanne, Roquevaire et la Ciotat.

Vins blancs par ordre de mérite : Cassis, Marseille, Geménos, Aubagne, Allanch, La Treille, Saint-Julien, La Valentine, Saint-Marcel, Plant de Cugnes, Marignane et Gardanne.

Vins de liqueur par ordre de mérite : Roquevaire, Cassis, La Ciotat, Barbantanne, Saint-Laurent.

Vins cuits par ordre de mérite : Cassis, Roquevaire, Aubagne.

Raisins secs : Roquevaire.

CALVADOS.

Pas de vignes dans ce département.

CANTAL.

Région du Centre-Sud.

Province d'Auvergne.

Ordre viticole, 75.

Superficie totale du département, 574,081 hectares.

Superficie viticole, 370 hectares.

Rendement moyen par hectare, 30 (?) hectolitres.

Prix moyen de l'hectolitre, 20 (?) francs.

Revenu brut par hectare, 600 (?) francs. (Frais de culture non déduits).

Revenu viticole du département, 220,000 (?) francs.

Production départementale : Vins communs.

Vins par ordre de mérite : Non dénommés.

CHARENTE.

Région de l'Ouest.
Province de Saintonge.
Ordre viticole, 4.
Superficie totale du département, 580,000 hectolitres.
Superficie viticole, 100,000 hectares.
Rendement moyen par hectare, 54 hectolitres.
Prix moyen de l'hectolitre, 12 francs l'hectolitre.
Revenu brut par hectare, 648 francs (Frais de culture non déduits).
Revenu viticole du département, 64,800,000 francs.

Production départementale : Vins ordinaires et communs. Eaux-de-vie excellentes.

Vins rouges par ordre de mérite : Saint-Saturnin, Asnières, Saint-Genis, Linars, Moulidars, Fouquebrune, Gardes, Blanzac, Vars, Montignac, Saint-Sernin, Vouthon, Marthon, Mornac, Couronne la Palud, Roulet, Nersac, Chassors, Julienne, Confolens, Barbezieux.

Vins blancs par ordre de mérite : Champagne, Grandes borderies et des vignobles à raisins rouges.

Eaux-de-vie : Cognac, Barbezieux, Angoulême, Rouillac, Aigre.

CHARENTE INFÉRIEURE.

Région de l'Ouest.
Province de Saintonge.
Ordre viticole, 3.
Superficie totale du département, 682,569 hectares.
Superficie viticole, 120,000 hectares.
Rendement moyen par hectare, 30 hectolitres.
Prix moyen de l'hectolitre, 14 francs.
Revenu brut par hectare, 420 francs (Frais de culture non déduits).

Revenu viticole du département, 50,400,000 fr.

Production départementale : Vins ordinaires et communs : Eaux-de-vie.

Vins rouges par ordre de mérite : Saintes, Chapniers, Fontcouverte, Bussac, La Chapelle, Saint-Romain, Saujon, Legua, Saint-Jean-d'Angély, Saint-Julien de Lescap, Nouillers, Beauvais-sur-Matha, Marennes, Saint-Just, La Rochelle, Oleron, Ré, Aix.

Vins blancs par ordre de mérite : Chérac, Surgères, St-Jean-d'Angély, La Rochelle, Oleron, Ré, Marennes, Rochefort.

Eaux-de-vie : La Rochelle, Aigrefeuille, St-Jean-d'Angély, Saintes, Jonzac, Surgères.

CHER.

Région du Centre-Nord.
Province du Berry.
Ordre viticole, 52.
Superficie totale du département, 719,934 hectares.
Superficie viticole, 14,000 hectares.
Rendement moyen par hectare, 40 hectolitres.
Prix moyen de l'hectolitre, 20 francs.
Revenu brut par hectare, 800 fr. (Frais de culture non déduits).
Revenu viticole du département, 11,200,000 fr.

Production départementale : Vins ordinaires et communs.

Vins rouges par ordre de mérite : Chavignol, St-Satur, Sancerre, Vasselay, Fussy, Saint-Amand.

Vins blancs par ordre de mérite : Chavignol, St-Satur, St Amand et Bourges.

CORRÈZE.

Région du Centre-Sud.

Province du Limousin.
Ordre viticole, 45.
Superficie totale du département, 586,609 hectares.
Superficie viticole, 17,000 hectares.
Rendement moyen par hectare, 30 hectolitres.
Prix moyen de l'hectolitre, 20 francs.
Revenu brut par hectare, 600 francs (Frais de culture non déduits.)
Revenu viticole du département, 10,200,000 francs.
Production départementale : Vins ordinaires et communs.

Vins rouges par ordre de mérite : Côtes d'Allassac, Saillac, Donzenac, Varets, Sinex, Meissac, Saint-Bazille, Queyssac, Nonards, Puy d'Arnac, Beaulieu, Argentat.

Vins blancs par ordre de mérite : Argentat.

CORSE.

Région du Sud-Est.
Province de Provence.
Ordre viticole, 48.
Superficie totale du département. 874,745, hectares.
Superficie viticole, 16,000 hectares.
Rendement moyen par hectare, 30 hectolitres.
Prix moyen de l'hectolitre, 20 francs.
Revenu brut par hectare, 600 francs. (Frais de culture non déduits).
Revenu viticole du département, 9,600,000 francs.
Production départementale : Vins ordinaires.

Vins rouges par ordre de mérite : Ajaccio, Sari, Péri, Vico, Bastia, Piétra-Negra, Cap-Corse, Bassanèse, Maccaticcia, Calvi, Algajola, Calenzana, Monte-maggiore, Corte, Tallcino, Bonifacio, Porto-Vecchio.

Vins blancs par ordre de mérite : Mêmes vignobles.

Vins de liqueur : Cap-Corse.

COTE-D'OR.

Région du Centre-Nord.
Province de Bourgogne.
Ordre viticole, 26.
Superficie totale du département, 876,000 hectares
Superficie viticole, 30,000 hectares.
Rendement moyen par hectare, 15 à 50 hectolitres.
Prix moyen de l'hectolitre 25 à 80 francs.
Revenu brut par hectare (?).
Revenu viticole du département, 37,350,000 (?).

Production départementale : Vins fins et ordinaires.

Vins rouges par ordre de mérite : 1re classe : Romanée-Conti, Chambertin, Richebourg, Clos-Vougeot, Romanée de Saint-Vivant, La Tache, Saint-Georges, Corton. 2e classe : Nuits, Prémeaux, Chambolle, Volnay, Pommard, Beaune, Morey, Savigny, Meursault. 3e classe : Gevrey, Chassagne, Aloxe, Santenay, Chenove. 4e classe : Mercurey, Givry, Monthelie, Fixin, Fixey, Brochon, St-Martin, Rully, Monbogre. 5e classe : Montagny, Buxy, St-Vallerin, Saules, Jambles, St-Jean-de-Vaux, St-Mart, Chatillon-sur-Seine, Semur, Flavigny.

Vins blancs par ordre de mérite : 1re classe : Mont-Rachet. 2e classe : Meursault, (Perrière, Combette, Gouttes-d'Or, Génevrière, Charmes). 3e classe : Puligny. 4e classe : Montagny, Chenove, Buxy, St-Vallerin, Saules, Bouzeron, Givry.

COTES-DU-NORD.

Pas de vignes dans ce département.

CREUSE.

Pas de vignes dans ce département.

DORDOGNE.

Région du Sud-Ouest.
Province du Périgord.
Ordre viticole, 6.
Superficie totale du département, 915,000 hectares.
Superficie viticole, 96,000 hectares.
Rendement moyen par hectare, 16 hectolitres.
Prix moyen de l'hectolitre, 20 francs.
Revenu brut par hectare, 320 francs (Frais de culture non déduits.)
Revenu viticole du département, 30,000,000 francs.

Production départémentale : Vins fins et ordinaires,

Vins rouges par ordre de mérite : 1re classe : Bergerac, Creysse , Ginestet , Prigorieux , La Force, Sainte-Foy-les-Vignes, Lembras, Monmarvés. 2e classe : Linde, Beaumont, Cunèges, Monsac, Domme, Saint-Cyprien, Thonac, Saint Léon, Chancelade, Brantôme, Bourdeilles, Saint-Pantaly, Saint-Orse, Varreins, Villetoureix, Saint-Victor, Brassac, Celles, Douzilhac, Gouts, Verteillac, Marcuil, Périgueux, Ribérac, Sarlat et Terrasson.

Vins blancs par ordre de mérite : Bergerac, Ste-Foy-les-Vignes, Ginestet, La Force, Prigorieux.

Vins de liqueur par ordre de mérite : 1re classe : Montbazillac, St-Laurent-des-Vignes. 2e classe : Colombier, Pomport, Saint-Naixant.

DOUBS.

Région de l'Est.

Province de la Franche-Comté.
Ordre viticole, 61.
Superficie totale du département, 522,755 hectares.
Superfice viticole, 7,688 hectares.
Rendement moyen par hectare, 40 hectolitres.
Prix moyen de l'hectolitre, 30 francs.
Revenu brut par hectare, 1200 francs. (Frais de culture non déduits).
Revenu viticole du département, 9,225,000 francs.

Production départementale: Vins ordinaires.

Vins rouges par ordre de mérite : Besançon, Byans, Mouthier, Lombard, Liesle, Lavans, Jallerange, Pouilley-les-Vignes, Bourre, Chatillon-le-Duc, Chouzelot, Poinvillers.

Vins blancs par ordre de mérite: Milerey, Besançon.

DROME.

Région de l'Est.
Province du Dauphiné.
Ordre viticole, 33.
Superficie totale du département, 652,155 hectares.
Superficie viticole, 25,000 hectares.
Rendement moyen par hectare, 20 hectolitres.
Prix moyen de l'hectolitre, 30 francs.
Revenu brut par hectare, 600 francs (Frais de culture non déduits).
Revenu viticole du département 15,000,000 de francs.

Production départementale: Vins fins et ordinaires.

Vins rouges par ordre de mérite: 1ʳᵉ classe : Hermitage, Tain. 2ᵉ classe : Croses, Mercurol, Gervant. 3ᵉ classe : Saillans, Vercheny, Donzère, Roussas, Châteauneuf-du-Rhône, Allan, Garde-Adhemar,

Montségur, Montelimar. 4ᵉ classe : Etoile, Livron, St-Paul.

Vins blancs par ordre de mérite : 1ʳᵉ classe : Hermitage. 2ᵉ classe : Mercurol, Die (Clairette de), Chanas-Curson.

Vins de liqueur : Tain (vin de paille de)

EURE.

Région du Nord-Ouest.
Province de Normandie,
Ordre viticole, 70.
Superficie totale du département, 581,102 hectares.
Superficie viticole, 1,000 hectares.
Rendement moyen par hectare, 36 hectolitres.
Prix moyen de l'hectolitre, 22 francs 50.
Revenu brut par hectare, 810 francs (Frais de culture non déduits).
Revenu viticole du département, 810,000 francs.

Production départementale : Vins communs.

Vins rouges par ordre de mérite : château d'Illiers, Nonancourt, Bueil, Ménilles, Port-Mort.

Vins blancs par ordre de mérite : non dénommés.

EURE-ET-LOIR

Région du Nord-Ouest.
Province de l'Orléanais.
Ordre viticole, 66.
Superficie totale du département, 602,052 hectares.
Superficie viticole, 4,000 hectares.
Rendement moyen par hectare, 36 hectolitres.
Prix moyen de l'hectolitre, 40 francs.
Revenu brut par hectare, 4,440 francs (Frais de culture non déduits).
Revenu viticole du département, 5,760,000 francs.

Production départementale : vins ordinaires et communs.

Vins rouges par ordre de mérite : Sèche-Côte, Le Monceau, Chavannes, Roussière, Saint-Piat, Crois-selles, Malsausseux, Luat-Clairet, Varennes, Ma-checlou, Champdé.

Vins blancs par ordre de mérite : non dénommés.

FINISTÈRE.

Pas de vignes dans ce département.

GARD.

Région du Sud-Est.
Province du Languedoc.
Ordre viticole, 7.
Superficie totale du département, 583,000 hectares.
Superficie viticole, 90,000 hectares.
Rendement moyen par hectare, 30 hectolitres.
Prix moyen de l'hectolitre, 15 francs.
Revenu brut par hectare, 450 francs (Frais de culture non déduits).
Revenu viticole du département, 40,500,000 francs.

Production départementale : Vins fins, ordinaires et communs

Vins rouges par ordre de mérite : Chusclan, Ta-vel, Lirac, St-Geniès, Lédenon, St-Laurent-des-Ar-bres, Beaucaire, Roquemaure, St-Gilles-les-Bouche-ries, Bagnols, Lacostière, Jonquières, Pujault, Lau-dun, Langlade, Vauvert, Milhaud, Calvisson, Aigues-Vives, Alais, Vigean.

Vins blancs par ordre de mérite : Laudun, Calvis-son, Tavel.

Eaux-de-vie : Nîmes, St-Gilles, Roquemaure.

GARONNE (Haute-).

Région du Sud-Ouest.
Province du Languedoc.
Ordre viticole, 13.
Superficie totale du département, 618,558 hectares
Superficie viticole, 55,000 hectares.
Rendement moyen par hectare, 25 hectolitres.
Prix moyen de l'hectolitre, 16 francs.
Revenu brut par hectare, 100 francs (Frais de culture non déduits).
Revenu viticole du département, 22,000,000 de francs.

Production départementale : Vins ordinaires et communs.

Vins rouges par ordre de mérite : Villaudric, Fronton, Montesquieu-Volvestre, Capens, Buzet, Cugnaux.

Vins blancs par ordre de mérite : non dénommés.

GERS.

Région du Sud-Ouest.
Province de Gascogne.
Ordre viticole, 5.
Superficie totale du département, 626,400 hectares.
Superficie viticole, 100,000 hectares.
Rendement moyen par hectare, 25 hectolitres.
Prix moyen de l'hectolitre, 15 francs.
Revenu brut par hectare, 375 francs (Frais de culture non déduits).
Revenu viticole du département, 37,500,000 francs.

Production départementale : Vins ordinaires et communs. Eaux-de-vie.

Vins rouges par ordre de mérite : Verlus, Mazères, Viella, Gouts, Lussan, Ville-Comtal, Mielan,

Beaumarchés, Plaisance, Vic-Fézensac, Miradoux, Eauze, Condom, Manciet, Houga.

Vins blancs par ordre de mérite : non dénommés.

Eaux-de-vie : Condom, Eauze, (comprenant le Bas-Armagnac, la Ténarèze et le Haut-Armagnac.

GIRONDE.

Région du Sud-Ouest.

Province du Bordelais.

Ordre viticole, 2.

Superficie totale du département, 975,000 hectares.

Superficie viticole, 150,000 hectares.

Rendement moyen par hectare, 22 hectolitres 1[2.

Prix moyen de l'hectolitre, (?).

Revenu brut par hectare, 1500 francs (?) (Frais de culture non déduits).

Revenu viticole du département, 225,000,000 de francs.

Production départementale : Vins fins et ordinaires.

Vins rouges par ordre de mérite : Première et deuxième classe : Château-Margaux, Château-Laffitte, Château-Latour, Château-Haut-Brion, Margaux, (Rauzan, Durefort, Lascombe), St-Julien de Reignac, (Léoville ou Labadie, Larose Balguerie), Cantenac (Gorse) Pauilhac (Branne-Mouton), St-Lambert (Pichon Longueville). 3e classe : St-Gemme, St-Estèphe, Pessac, Ludon, Laborde, Macau, Cussac, Lamarque, Soussans, Arcins, Listrac, Moulis, Poujeaux, Avensan, St-Sauveur, Cissac, Vertheuil, Saint-Laurent, St-Seurin-de-Cadourne, Talence, Mérignac, Léognan. 4e classe : Queyries, Montferrand, Bassens, Libourne, St-Emilion, St-Martin-de-Mazerac, St-Christophe, St-Laurent, St-Sulpice, Pomerols, Saint-Georges, Montagne, de Néac, Lussac, Puisseguin,

Blanquefort, Le Pian, Arsac, St-Germain, Valeyrac, Civrac, St-Christoly. 5e classe : Parsac, Puynormand, Coutras, Ambès, Bouliac, Camblanes, Quinsac, Valentons, St-Gervais, Bacalan, St-Loubès, Latresne, Beautiran, Izon, St-Eulalie-d'Ambarès, Lormont, Bourg-sur-Mer, Samonac, Bayon, St-Seurin-le-Bourg, La Libarde, Camiac, Tauriac, Fronsac, Arveyres, Genissac, Guitre-sur-Lisle, Villeneuve, St-Ciers-de-Canesse, Gauriac, Comps, Marcamps, Lausac, Pugnac, Monbrier, Thuilhac, St-Trojan, St-Gervais, Cubzac, St-Romain, Asques, Isle-St-George, Ambarès, Grave, Montussan, Cambès, Baurech, Tabanac, Le Tourne, Langoiran, Rioms, Beguey, Cadillac, Loupiac, Ste - Croix - du - Mont, Entre - deux-Mers, Branne, Pujols, Pellegrue, Sauveterre, Targon, Créon, St-Foy-la-Grande, St-Macaire, Caudrot, Aubiac, Blaye, Cors, Sainte-Luce, St-Paul, Bazas.

Vins blancs par ordre de mérite : 1re classe : Barsac, Preignac, Sauternes (Yquem), Bommes, Villenave-d'Ornon , Blanquefort. 2e classe : Cerons, Podensac, Langon, Toulène, St-Pey-Langon, Fargues Pujas, Ste Croix-du Mont, Léognan, Martillac. 3e classe : Virelade, Arbanats, Budos, Landiras, Illats, Langoiran, Cadillac, Montprinblanc. 4e classe : Baurech, Tabanac, Le Tourne, Paillet, Lestiac, Rioms, Haux, Beguet, Larroque, Omet, Gabarnac, Portets, Castres, St Selve, St-Morillon, Beautiran, St-Médard, Ayrans, Labrède. 5e classe : Entre-deux-Mers, Lussac, Ste-Foy, Castillon, Cubzac, Bourg, Fronsac, Blaye.

HÉRAULT.

Région du Sud-Est.
Province du Languedoc.

Ordre viticole, 1.

Superficie totale du département, 624,000 hectares.

Superficie viticole, 200,000 hectares.

Rendement moyen par hectare, 60 hectolitres.

Prix moyen de l'hectolitre, 15 francs.

Revenu brut par hectare, 900 francs (Frais de culture non déduits).

Revenu viticole du département, 180,000,000 de francs.

Production départementale : Vins ordinaires et de liqueur.

Vins rouges par ordre de mérite : 1re classe : St-Georges-d'Orques, Verarges, Saint-Christol, St-Drézery, Saint-Geniès, Castries, Sauvian. 2e classe : Garrigues, Préols, Villeveyrac, Bouzigues, Frontignan, Poussan. 3e classe : Loupian, Mèze, Pézenas, Agde, Béziers.

Vins blancs et muscats par ordre de mérite : 1re classe : Frontignan, Lunel. 2e classe : Marseillan, Pomerols, (vins dits de Picardan), Maraussan, Sauvian, (vin de Calabre). 3e classe : Cazouls-les-Béziers, Bassan, Montbazin.

Eaux-de-vie : Lunel, Montpellier, Pézenas, Béziers

ILLE-ET-VILAINE.

Région du Nord-Ouest.

Province de Bretagne.

Ordre viticole, 75.

Superficie totale du département, 635,599 hectares.

Superficie viticole, 108 hectares.

Rendement moyen par hectare, (?).

Prix moyen de l'hectolitre, (?).

Revenu brut par hectare, (?).

Revenu viticole du département, 3,240 francs.

Production départementale. Vins très-communs.

Les moins mauvais vins se récoltent sur le territoire de Redon et communes environnantes.

INDRE.

Région de l'Ouest.
Province du Berry.
Ordre viticole, 38.
Superficie totale du département, 688,000 hectares.
Superficie viticole, 20,000 hectares.
Rendement moyen par hectare, 20 hectolitres.
Prix moyen de l'hectolitre, 25 francs.
Revenu brut par hectare, 500 francs (Frais de culture non déduits.)
Revenu viticole du département, 10,000,000 de francs.

Production départementale : Vins ordinaires et communs.

Vins rouges par ordre de mérite : Valançay, Vic-la-Moustières, Veuil, Latour-du-Breuil, Concremiers, Saint-Hilaire, Chabris, Reuilly, Issoudun.

Vins blancs par ordre de mérite : Chabris, Reuilly.

NDRE - ET - LOIRE.

Région de l'Ouest.
Province de Touraine.
Ordre viticole, 15.
Superficie totale du département, 611,370 hectares.
Superficie viticole, 40,000 hectares.
Rendement moyen par hectare, 25 hectolitres.
Prix moyen de l'hectolitre, 20 francs.
Revenu brut par hectare, 800 francs (Frais de culture non déduits).
Revenu viticole du département, 32,000,000 de francs.

Production départementale : Vins ordinaires et communs.

Vins rouges par ordre de mérite : 1re classe : Joué, St-Nicolas-de-Bourgueil. 2e classe : Chisseaux, Civray, la Croix-de-Bléré, Bléré, Athée, Azay-sur-Cher, Chenonceaux, Dierre, Epeigné, Francueil, Veretz, St-Cyr-sur-Loire, St-Avertin, Ballan, Chinon, Luynes, Fondettes, Langeais, St-Marc, Amboise, Pocé, St Ouen, St-Denis, Chargey, Limerai, Mosnes, Souvigny et Chargé.

Vins blancs par ordre de mérite : 1re classe : Vouvray. 2e classe : Rochecorbon, Vernou, Mont Louis, St-Georges, Nazelle, Noisay, Lussault, St-Martin-le-Beau, Rougny, Chancey, Langeais.

ISÈRE.

Région de l'Est.

Province du Dauphiné.

Ordre viticole, 28.

Superficie totale du département, 828,934 hectares.

Superficie viticole, 28,000 hectares.

Rendement moyen par hectare, 35 hectolitres.

Prix moyen de l'hectolitre, 25 francs.

Revenu brut par hectare, 875 francs (Frais de culture non déduits).

Revenu viticole du département, 24,500,000 francs.

Production départementale : Vins fins et ordinaires.

Vins rouges par ordre de mérite : 1re classe : Porte-du-Lyon, Reyentin. 2e classe : Saint-Chef, Saint-Savin, Jailleu, Ruy, Saint-Verand, Vienne, Jarrie-Haute, Lambin, Crolles, Terrasse, Grignon, Saint-Maximin, Murinais, Bessins, Pont en Royans, Saint-André.

Vins blancs par ordre de mérite : Cote-St-André et environs de Vienne.

JURA.

Région de l'Est.
Province de la Franche-Comté.
Ordre viticole, 39.
Superficie totale du département, 499,401 hectares.
Superficie viticole, 20,000 hectares.
Rendement moyen par hectare, 40 hectolitres.
Prix moyen de l'hectolitre, 22 francs 50.
Revenu brut par hectare, 900 francs (Frais de culture non déduits).
Revenu viticole du département, 18,000,000 de francs.

Production départementale : Vins fins et ordinaires.

Vins rouges par ordre de mérite : 1re classe : Arsures, Salins, Marnos, Aiglepierre, Arbois. 2e classe : Voiteur, Ménétrux, Blandans, Vadans, Saint-Lothain, Poligny, Geraise, St-Laurent.

Vins blancs par ordre de mérite : 1re classe : Château-Châlon, Arbois, Pupillin. 2e classe : l'Etoile, Quintigny, Montigny, Poligny et Lons-le-Saulnier.

LANDES.

Région du Sud-Ouest.
Province de Guienne et Gascogne.
Ordre viticole, 36.
Superficie totale du département, 905,000 hectares.
Superficie viticole, 21,000 hectares.
Rendement moyen par hectare, 30 hectolitres.
Prix moyen de l'hectolitre, 14 francs.
Revenu brut par hectare 420 francs (Frais de culture non déduits).
Revenu viticole du département, 8,820,000 francs.

Production départementale : Vins ordinaires et communs.

Vins rouges par ordre de mérite : 1re classe : Cap-Breton, Messanges, Soustons, Vieux-Boucau . 2e classe : Le Tursan, Leynie, Momuy, Cazalis, Gaujacq, Bassenpouy, Boulennes, Donjac, Castelnau, Chalosse, Bahus, Sarraziet, Aules.

Vins blancs par ordre de mérite : 1re classe : St-Loubouer, Castelnau, Buanes, Classun, Damoulens, Bats, Urgons, les vins blancs de la Haute-Chalosse. 2e classe : La côte de Leynie, et un grand nombre d'autres sans grande valeur, qu'on convertit en eau-de-vie qui se vendent sous le nom d'Armagnac.

LOIR-ET-CHER.

Région de l'Ouest.

Province du Blaisois.

Ordre viticole, 29.

Superficie totale du département, 635,000 hectares.

Superficie viticole, 28,000 hectares.

Rendement moyen par hectare, 26 à 40 hectolitres.

Prix moyen de l'hectolitre, 18 à 20 francs.

Revenu brut par hectare, 627 francs (Frais ds culture non déduits).

Revenu viticole du département, 17,556,000 francs.

Production départementale : Vins ordinaires et communs.

Vins noirs par ordre de mérite : Jarday, Villese-cron, Francillon, Villebarou.

Vins rouges par ordre de mérite : 1re classe : Blois, la Côte-des-Grouets, Thésée, Monthou-sur-Cher, Bourré, Montrichard, Chissay, Mareuil, Pouillé, Angé, Faverolles, St-Georges, Lusillé, St Aignan, Meusnes, Chambon. 2e classe : Onzain, Mer-la-Ville, Chaumont, Selles, Pezou, Ville-aux-Clercs.

Vins blancs par ordre de mérite : Cour-Cheverny,

Muides, St-Dié, Meusnes, Vineuil, St-Claude, Moret, Montolivaut, Meret, Montoire.

LOIRE.

Région du Centre-Nord.
Province du Beaujolais.
Ordre viticole, 53.
Superficie totale du département, 475,962 hectares.
Superficie viticole, 14,000 hectares.
Rendement moyen par hectare, 40 hectolitres.
Prix moyen de l'hectolitre, 25 francs.
Revenu brut par hectare, 1,000 francs (Frais de culture non déduits).
Revenu viticole du département, 14,000,000 de francs.

Production départementale : Vins ordinaires et de liqueur.

Vins rouges par ordre de mérite : 1re classe : Luppe, Chuynes, Chavenay, St-Michel-sous-Condrieux, St-Pierre-du-Bœuf. 2e classe : Renaison, St-André-d'Apchon, St Haon-le-Chatel, Charlieu.

Vins blancs liquoreux par ordre de mérite : Château-Grillet, St-Michel-sous-Condrieux, La Chapelle, Chuynes.

LOIRE (HAUTE).

Région du Centre-Sud.
Province d'Auvergne.
Ordre viticole, 63.
Superficie totale du département, 496,225 hectares.
Superficie viticole, 6,000 hectares.
Rendement moyen par hectare, 45 hectolitres.
Prix moyen de l'hectolitre, 20 francs.
Revenu brut par hectare, 900 francs (Frais de culture non déduits).

Revenu viticole du département, 5,400,000 francs.

Production départementale : Vins ordinaires et communs.

Vins rouges par ordre de mérite : Bas, Monistrol, Azon, La Voute, Vaurey.

Vins blancs par ordre de mérite : Non dénommés.

LOIRE-INFÉRIEURE.

Région de l'Ouest.
Province de Bretagne.
Ordre viticole, 23.
Superficie totale du département, 706,000 hectares.
Superficie viticole, 31,000 hectares.
Rendement moyen par hectare, 40 hectolitres.
Prix moyen de l'hectolitre, 10 francs.
Revenu brut par hectare, 400 francs (Frais de culture non déduits).
Revenu viticole du département, 12,000,000 de francs.

Production départementale : Vins ordinaires et communs.

Vins rouges par ordre de mérite : Nantes, Ancenis, Savenay, vins connus sous le nom de Muscadet, grosplant, pineau.

Vins blancs par ordre de mérite : Varade, Montrelais, La Chapelle, Valet, Chapelle-Hullin, La Haye, Le Loroux, Le Palet, Maisdon, St-Fiacre, St-Géréon, St-Herblon, Riaillé.

LOIRET.

Région du Centre-Nord.
Province de l'Orléanais.
Ordre viticole, 16.
Superficie totale du département, 677,000 hectares.

Superficie viticole, 39,000 hectares.
Rendement moyen par hectare, 29 hectolitres.
Prix moyen de l'hectolitre, 20 francs.
Revenu brut par hectare, 580 francs (Frais de culture non déduits).
Revenu viticole du département, 22,620,000 francs.

Production départementale : Vins ordinaires et communs.

Vins rouges par ordre de mérite : 1ʳᵉ classe : Guignes, St-Jean-de-Braye, St-Jean-le-Blanc, St-Denis-en-Val, La Chapelle, Saint-Ay, Fourneaux, Meung, Beaugency, Baule, Baulette, Sandillon. 2ᵉ classe : Jargeau, St-Denis-de-Jargeau, St-Marc, St-Gy, St-Privé. 3ᵉ classe, Bou, Mardié, Olivet, St Mesmin, St-Marceau, St André, Cléry, St-Paterne, Saran, Gedy, Ingré, Fleury, Senoy, Montargis, Pithiviers, Boesse, Saint-Loup, Montbarrois, Auxy, Egry, Bois-Commun.

Vins blancs par ordre de mérite : Marigny, Rebrechien, St-Mesmin, Loury (petits vins blancs qui servent à la fabrication du vinaigre, dit d'Orléans.)

LOT.

Région du Centre-Sud.
Province du Quercy.
Ordre viticole, 12.
Superficie totale du département, 574,216 hectares.
Superficie viticole, 58,000 hectares.
Rendement moyen par hectare, 15 hectolitres.
Prix moyen de l'hectolitre, 25 francs.
Revenu brut par hectare, 375 francs (Frais de culture non déduits).
Revenu viticole du département, 21,750,000 francs.

Production départementale : Vins ordinaires et communs.

Vins noirs par ordre de mérite : Les vins du Lot sont désignés sous le nom générique de Cahors. Les vignobles les plus recommandés sont ceux de Savagnac, de Mel-la-Garde, St-Henri, Parnac, St-Vincent, La Pistoule, Camy, Luzech, Lebas, Praissac et Premiac.

Vins rosés : Produit d'un mélange de raisins blancs et noirs. Non dénommés.

Vins blancs : Non dénommés.

LOT - ET - GARONNE.

Région du Sud-Ouest.
Province de la Guyenne.
Ordre viticole, 10.
Superficie totale du département, 530,711 hectares.
Superficie viticole, 66,000 hectares.
Rendement moyen par hectare, 36 hectolitres.
Prix moyen de l'hectolitre, 25 francs.
Revenu brut par hectare, 750 francs (Frais de culture non déduits).
Revenu viticole du départ   t, 49,000,000 de francs.

Production dépar   Vins fins et ordinaires.

Vins rouges par ordre de mérite : Thésac, Péricard, Montflanquin, Buzet, Castel-Moron, Sommensac, La Chapelle, Larocale, Moirac, Sainte-Colombe, Castellentier, Notre-Dame-de-Rech, Marsac.

Vins blancs par ordre de mérite : Clairac, Buzet, Marmande et Sommenzac (vins blancs liquoreux connus sous le nom de vins pourris).

LOZÈRE.

Région du Centre-Sud.
Province du Languedoc.
Ordre viticole, 71.
Superficie totale du département, 517,000 hectares.
Superficie viticole, 1,000 hectares.
Rendement moyen par hectare, 25 hectolitres.
Prix moyen de l'hectolitre, 25 francs.
Revenu brut par hectare, 625 francs (Frais de culture non déduits).
Revenu viticole du département, 625,000 francs.

Production départementale: Vins communs.

Vins rouges par ordre de mérite : Marvejols, Florac, Villefort.

Vins blancs par ordre de mérite : Non dénommés.

MAINE-ET-LOIRE.

Région de l'Ouest.
Province de l'Anjou.
Ordre viticole, 24.
Superficie totale du département, 712,000 hectares.
Superficie viticole, 31,000 hectares.
Rendement moyen par hectare, 27 hectol. 1|2.
Prix moyen de l'hectolitre, 26 francs.
Revenu brut par hectare, 715 francs (Frais de culture non déduits).
Revenu viticole du département, 22,165,000 francs.

Production départementale : Vins ordinaires et communs.

Vins rouges par ordre de mérite : Champigny, Saumur, Dampierre, Varrains, Chassé, Saint-Cyr-en-Bourg, Brezé, Allones. Neuillé.

Vins blancs par ordre de mérite : 1re classe : Sau-

mur, Parnay, Dampierre, Souzay, Turquant, Marti-
gne-Briant, Thouarcé, Foy, Rablay, Beaulieu, Saint-
Luygne, Savonnières, St-Aubin-de-Luigné, Rochefort. 2ᵉ classe : Chaintré, Varrains, Chassé, St-Cyr
en Bourg, Brezé, Courchamps, Mihervé, Saumous-
sey. 3ᵉ classe : Trelazé, St Barthélemy, Andard,
Brain-sur-l'Authîon, Distré, Antoigné, Bas-Nueil,
Brion, Segré, Baugé.

MANCHE.

Pas de vignes dans ce département.

MARNE.

Région du Nord-Est.
Province de Champagne.
Ordre viticole, 43.
Superficie totale du département, 818,044 hectares.
Superficie viticole, 18,000 hectares.
Rendement moyen par hectare, 30 hectolitres.
Prix moyen de l'hectolitre, 50 francs.
Revenu brut par hectare, 1,500 francs (Frais de cul-
ture non déduits).
Revenu viticole du département : 23,640,000 francs,
avec vins mousseux 80 millions.

Production départementale : Vins fins et ordinaires.
Vins rouges par ordre de mérite : 1ʳᵉ classe :
Verzy, Verzenay, Mailly, Saint-Basle, Bouzy, clos
St-Thierry. 2ᵉ classe : Hautvilliers, Mareuil, Pierry,
Épernay, Sillery, Taissy, Ludes, Chigny, Rilly, Vil-
lers-Allérand, Cumières. 3ᵉ classe : Ville-Dommange,
Ecueil, Chamery, Irigny, Chenay, Douillon, Ville-
franqueux, Hernouville. 4ᵉ classe : Vertus, Avenay,
Champillon, Damery, Monthélon, Mardeuil, Moussy,
Vinay, Claveau, Mancy, Chamery, Pargny, Vauteuil,

Rueil, Fleury-la-Rivière, Chatillon, Romery, Vincelles, Cormoyeux, Villers, d'Œuilly, Vandières, Verneuil, Troissy, Sézanne.

Vins blancs par ordre de mérite: 1re classe : Sillery, Ay, Mareuil-sur-Ay, Dizy, Hautvillers, Pierry, Epernay. 2e classe : Cramant, Menil, Avize, St-Martin d'Ablois. 3e et 4e classe : Grauve. 5e classe : Chouilly, Monthélon, Mancy, Molins, Vinay, Villers-aux-Nœuds, Ancerville, Vitry-sur-Marne.

MARNE (Haute.)

Région du Nord-Est.
Province de Champagne.
Ordre viticole, 49.
Superficie totale du département, 622,000 hectares.
Superficie viticole, 16,000 hectares.
Rendement moyen par hectare, 40 hectolitres.
Prix moyen de l'hectolitre, 20 francs.
Revenu brut par hectare, 800 francs (Frais de culture non déduits)
Revenu viticole du départemnet, 12,800,000 francs.

Production départementale: Vins ordinaires et communs.

Vins rouges par ordre de mérite: 1re classe : Aubigny, Montsaugeon. 2e classe : Vaux, Rivière-les-Fosses, Prauthoy, Joinville, Château-Villain, Créancey, Essey-les-ponts, Gyé-sur-Aujon, St-Dizier, Vitry-sur-Marne.

Vins blancs par ordre de mérite: Non dénommés.

MAYENNE.

Région du Nord-Ouest.
Province d'Anjou.

Ordre viticole, 73.

Superficie totale du département, 513,841 hectares.

Superficie viticole, 430 hectares.

Rendement moyen par hectare, 15 hectolitres.

Prix moyen de l'hectolitre, 25 francs.

Revenu brut par hectare, 375 francs (Frais de culture non déduits).

Revenu viticole du département, 161,250 francs.

Production départementale: Vins communs.

Vins rouges par ordre de mérite: Commune de St-Denis et environs.

MEURTHE. (1)

Région du Nord-Est.

Province de Lorraine.

Ordre viticole, 46.

Superficie totale du département, 600,000 hectares.

Superficie viticole, 17,000 hectares.

Rendement moyen par hectare, 60 hectolitres.

Prix moyen de l'hectolitre, 25 francs.

Revenu brut par hectare, 1,500 francs (Frais de culture non déduits).

Revenu viticole du département, 25,500,000 francs.

Production départementale : Vins ordinaires et communs.

Vins rouges par ordre de mérite : Thiaucourt, Pagny-sur-Moselle, Arnaville, Bayonville, Charey, Essey, Villers-sous-Preny, Vandelainville, Toul, Bruley, Domgermain, Pannes, Euvezin, Jaulny,

---

(1) Nous comprenons dans ce travail, les départements entiers de la Meurthe, du Haut-Rhin, du Bas-Rhin et de la Moselle; ces départements appartenant de droit à la France, qui pourra, nous l'espérons, tôt ou tard, prendre sa revanche, et rentrer dans la possession de ce qui lui a été arraché par la force.

Rambercourt, Ecrouves, Lucey, Boudonville, Côte rotie, Pixérecourt, Roville, Neuviller, Vic, Tincry, Achain.

Vins blancs par ordre de mérite : Bruley, Salival.

MEUSE.

Région du Nord-Est.
Province de Lorraine.
Ordre viticole, 55.
Superficie totale du département, 622,737 hectares.
Superficie viticole, 13,175 hectares.
Rendement moyen par hectare, 50 hectolitres.
Prix moyen de l'hectolitre, 30 francs.
Revenu brut par hectare, 1,500 francs (Frais de culture non déduits).
Revenu viticole du département, 13,862,500 francs.

Production départementale : Vins ordinaires et communs.

Vins rouges par ordre de mérite : 1re classe : Bar-le-Duc, Bassy-la-Cote, Longeville, Savonnières devant Bar, Ligny, Naives devant Bar, Rozières devant Bar, Behonne, Chardogne, Varney, Crêne. 2e classe : Apremont, Loupmont, Woinville, Varneville, Liouvilles, St-Julien, Champougny, Vaucouleurs, Vignot, Sampigny, St-Mihiel, Dompcevrin, Buxières, Buxerulles, Monsec, Hattonchatel, Belleville, Rochelles, Allouveaux, Rambucourt, Loisey, Ancerville.

Vins blancs par ordre de mérite : Creue, Boncourt.

MORBIHAN.

Région du Nord-Ouest.
Province de Bretagne.

Ordre viticole, 74.
Superficie totale du département, 712,507 hectares.
Superficie viticole, 400 hectares.
Rendement moyen par hectare, 38 hectolitres
Prix moyen de l'hectolitre, 11 francs.
Revenu brut par hectare, 418 francs (Frais de culture non déduits).
Revenu viticole du département, 167,000 francs.
Production départementale: Vins communs.
Vins rouges par ordre de mérite: Sarzeau près Vannes.
Vins blancs par ordre de mérite: Non dénommés.

MOSELLE (1)

Région du Nord-Est.
Province de Lorraine.
Ordre viticole. 62 bis.
Superficie totale du département, 532,000 hectares.
Superficie viticole, 6,000 hectares.
Rendement moyen par hectare, 60 hectolitres.
Prix moyen de l'hectolitre, 33 francs.
Revenu brut par hectare, 1,800 francs (Frais de culture non déduits).
Revenu viticole du département, 10,800,000 francs.
Production départementale: Vins ordinaires et communs.
Vins rouges par ordre de mérite: Scy, Jussy, Sainte-Ruffine, Dale, Nouilly, Ars, Semecourt.
Vins blancs par ordre de mérite: Dornot.

NIÈVRE.

Région du Centre Nord.
Province du Nivernais.

(1) Voir nota : page 191.

Ordre viticole, 56.

Superficie totale du département, 686.619 hectares.

Superficie viticole, 10,000 hectares.

Rendement moyen par hectare, 30 hectolitres.

Prix moyen de l'hectolitre, 20 francs.

Revenu brut par hectare, 600 francs (Frais de culture non déduits).

Revenu viticole du département, 6,000,000 de francs.

Production départementale: Vins ordinaires et communs.

Vins rouges par ordre de mérite: Pouilly-sur-Loire, Nevers.

Vins blancs par ordre de mérite: Pouilly-sur-Loire.

NORD.

Pas de vignes dans ce département.

OISE.

Région du Nord-Ouest.

Province de l'Ile de France.

Ordre viticole, 72.

Superficie totale du département, 585,306 hectares.

Superficie viticole, 600 hectares.

Rendement moyen par hectare, 27 hectolitres.

Prix moyen de l'hectolitre, (?).

Revenu brut par hectare, (?).

Revenu viticole du département, (?).

Production départementale: Vins communs.

Vins rouges par ordre de mérite: Clermont et environs.

Vins blancs par ordre de mérite : Mouchy-St-Eloi.

ORNE.

Pas de vignes dans ce département.

PAS-DE-CALAIS.

Pas de vignes dans ce département.

PUY-DE-DOME.

Région du Centre Sud.
Province d'Auvergne.
Ordre viticole, 30.
Superficie totale du département, 795,051 hectares.
Superficie viticole, 28.000 hectares.
Rendement moyen par hectare, 45 hectolitres.
Prix moyen de l'hectolitre, 25 francs.
Revenu brut par hectare, 11 25 francs (Frais de culture non déduits).
Revenu viticole du département, 33,750,000 francs.

Production départementale: Vins fins, ordinaires et communs.

Vins rouges par ordre de mérite: 1re classe : Chanturgue. 2e classe : Chateldon. 3e classe : Mariol, Lachau, Calville, La Chaux, Martres, Authezat, Mouton, Vic-le-Comte, Montpeyroux, Coudes, Nechers, Issoire, Cournon, Laudes, Orcet, Lezandre, Mezel, Dallet, Pont-du-Château, Beaumont, Aubière.

Vins blancs par ordre de mérite: Corent, Chauriat.

PYRÉNÉES (Basses.)

Région du Sud-Ouest.
Province de Béarn.
Ordre viticole, 31.
Superficie totale du départemement, 749,491 hectares.
Superficie viticole, 28,000 hectares.
Rendement moyen par hectare, 25 hectolitres.
Prix moyen de l'hectolitre, 18 francs.

Revenu brut par hectare, 450 francs (Frais de culture non déduits).

Revenu viticole du département, 12,600,000 francs.

Production départementale : Vins fins et ordinaires.

Vins rouges par ordre de mérite : 1re classe : Jurançon, Gan. 2e classe : Monein, Aubertin, Conchez. Portet, Aydie, Aubons-Duisse, Jadousse, Cadillon, Usseau, St-Jean-Poudge, Ponts, Burosse. 3e classe : Lasseube, Hourcade, Sault-de-Navailles, Cuqueron. Luc, Lagos. Navarrenx, Sauveterre.

Vins blancs par ordre de mérite : Jurançon, Gan, Larronin. St-Faust, Gélos, Roustignon, Mazères, Conchez, Portet, Aydie, Aubons, Duisse, Jadousse, Cadillon, Usseau, St-Jean-Poudge, Ponts, Burosse et Anglet.

PYRÉNÉES (Hautes).

Région du Sud-Ouest.

Province de Bigorre.

Ordre viticole, 51.

Superficie totale du département, 457,900 hectares.

Superficie viticole, 15,500 hectares.

Rendement moyen par hectare, 20 hectolitres.

Prix moyen de l'hectolitre, 14 francs.

Revenu brut par hectare, 280 francs, (Frais de culture non déduits.)

Revenu viticole du département. 4,340,000 de francs.

Production départementale : Vins ordinaires.

Vins rouges par ordre de mérite : 1re classe : Madiran, Castelnau-Rivière-Basse, St-Laune, Soublecause, Lascazère. 2e classe : Bagnères et Argelès.

Vins blancs par ordre de mérite : Bouilh, Péreuilh, Castelvieilh, Peyriguère, Vic-en-Bigorre.

PYRÉNÉES - ORIENTALES.

Région du Sud-Est.
Province du Roussillon.
Ordre viticole, 11.
Superficie totale du département, 416,000 hectares.
Superficie viticole, 60,000 hectares.
Rendement moyen par hectare, 20 hectolitres.
Prix moyen de l'hectolitre, 25 francs.
Revenu brut par hectare, 500 francs (Frais de culture non déduits).
Revenu viticole du département, 30,000,000 francs.

Production départementale : Vins fins ordinaires et de liqueur.

Vins rouges par ordre de mérite : 1re classe : Banyuls-sur-Mer, Cosperon, Port-Vendres, Collioure. 2e classe: Espira-de-l'Agly, Rivesaltes, Salces, Baixas, Corneilla-de-la-Rivière, Pezilla, Villeneuve-de-la-Rivière. 3e et 4e classes : Torremila, Terrats, Esparron, Vernet, Prades.

Vins blancs et de liqueur par ordre de mérite : Rivesaltes, (muscat de), Banyuls, Cosperon, Collioure, Rodes (Grenache), Salses (vin Tockay), St-André, Prépouille-de-Salses.

RHIN (Bas). (1)

Région du Nord-Est.
Province d'Alsace.
Ordre viticole, 54 bis.
Superficie totale du département, 455,345 hectares.
Superficie viticole, 13,000 hectares.
Rendement moyen par hectare, 60 hectolitres.
Prix moyen de l'hectolitre, 25 francs.

(1) Voir note : page 191.

Revenu brut par hectare, 15 francs (Frais de culture non déduits).

Revenu viticole du département, 19,500,000 francs.

Production départementale : Vins secs, fins et ordinaires.

Vins rouges par ordre de mérite : Wolxheim, Neuwiller, (vins très ordinaires).

Vins blancs par ordre de mérite : 1re classe : Molsheim, Wolxheim. 2e classe : Mutzig, Meuwiller, Ernolsheim, Imbsheim, Saverne, Wissembourg, Schlestadt, Kienheim, Thieffenthal (vins clairets), Heiligenstein.

RHIN (Haut). (1)

Région du Nord-Est.

Province d'Alsace.

Ordre viticole, 54 bis.

Superficie totale du département, 410,771 hectares.

Superficie viticole, 11,252 hectares.

Rendement moyen par hectare, 50 hectolitres.

Prix moyen de l'hectolitre, 30 francs.

Revenu brut par hectare, 1500 francs, (Frais de culture non déduits).

Revenu viticole du département, 16,878,000 francs.

Production départementale : Vins secs fins et ordinaires.

Vins rouges par ordre de mérite : Riquewihr, Ribeauvillé, Ammerschwihr, Kientzheim, Kaysersberg, Olwiller, Walbach.

Vins blancs par ordre de mérite : 1re classe : Guebwiller, Turckheim, Riquewihr, Ribeauvillé, Thann, Bergholtzell, Rufach, Pfaffenheim, Enguisheim, In-

(1) Voir note : page 191.

gersheim, Mittelweyer, Hunneweyer, Katzenthal, Ammerschwihr, Kaysersberg. Kientzheim, Sigolsheim, Babelheim. 2° classe : Rixheim, Habsheim.

Vins de liqueur : Vins de paille.

RHONE.

Région du Centre-Nord.
Province du Beaujolais.
Ordre viticole, 21.
Superficie totale du département, 275,039 hectares.
Superficie viticole, 34,000 hectares.
Rendement moyen par hectare, 40 hectolitres.
Prix moyen de l'hectolitre, 25 francs.
Revenu brut par hectare, 1,000 francs (Frais de culture non déduits).
Revenu viticole du département, 34,000,000 de francs.

Production départementale : Vins fins et ordinaires.

Vins rouges par ordre de mérite: 1re classe : Côte Rôtie (territoire d'Ampuis). 2° classe : Verinay. 3° classe : Sainte-Foy, Barolles, Millery, Irigny, Charly, Curis, Poleymieux, Couzon.

Vins blancs par ordre de mérite : Condrieu.

SAONE (Haute).

Région de l'Est.
Province de la Franche-Comté.
Ordre viticole, 54.
Superficie totale du département, 533,992 hectares.
Superficie viticole, 14.000 hectares.
Rendement moyen par hectare, 30 hectolitres.
Prix moyen de l'hectolitre, 25 francs.
Revenu brut par hectare, 750 francs (Frais de culture non déduits).

Revenu viticole du département, 10,500,000 francs.

Production départementale : Vins ordinaires.

Vins rouges par ordre de mérite : Ray, Chariez, Navennes, Quincey, Gy, Champlite-le-Château.

Vins blancs par ordre de mérite : Non dénommés.

Kirschs : Champigny, St-Loup, Clairegoutte, Fougerolles, Lure.

SAONE-ET-LOIRE.

Région du Centre-Nord.

Province de la Haute-Bourgogne.

Ordre viticole, 20.

Superficie totale du département, 850,174 hectares.

Superficie viticole 36,000 hectares.

Rendement moyen par hectare, 36 hectolitres.

Prix moyen de l'hectolitre, 28 francs.

Revenu brut par hectare, 1008 francs (Frais de culture non déduits).

Revenu viticole du département, 36,288,000 fr.

Production départementale : Vins fins et ordinaires.

Vins rouges par ordre de mérite : 1re classe : Thorin, Moulin-à-Vent, Roman èche, Chénas. 2e classe : Fleury, La Chapelle-de-Guinchay. 3e classe : Lancié, Brouilly, Odenas, Saint-Lager, Julliénas, Chiroubles, Morgon, St-Etienne-la-Varenne, Jullié, Emeringes, Davayé. 4e classe : Chassagne, Villié, Regnié, Lantigné, Quincié, Marchand, Dorette, Etoux, Cercié, St-Jean-d'Ardières, Pizay, Jasseron, Vadoux, Belleville, Montmélas, Saint-Sorlin, Charentay, Charnay, Vauxrenard, Saint-Amour, Chevagny, Chanes, Laisnes, Saint-Vérand, Loché, Vinzelles, Hurigny, Sancé, Sennecé, St-Jean-le-Priche, Saint-

Gengoux-le-Royal, Blacé, St-Julien, Salo, Denicé, Lacenas, Bussières, Domange, Azé, Pierreclos, Verzé, Igé, St-Gengoux-de-Scissé, Clessé, Viré, Laizé, Péronne, Cogny, Liergues, Tournus, Lacrot, Grattay, Boyer, Plottes, Ozenay, Le Villars, Lugny, Cruzilles, Autun, Charolles, Louhans.

Vins blancs par ordre de mérite : 1re classe : Pouilly, Fuissé. 2e classe : Chaintré, Solutré, Davayé. 3e classe : Vergisson, Vinzelles, Loché, Charnay, les Certeaux, Saint-Vérand, Pierreclos, Bussières, St-Martin.

SARTHE.

Région du Nord-Ouest.
Province d'Anjou.
Ordre viticole, 57.
Superficie totale du département, 626,668 hectares.
Superficie viticole, 10,000 hectares.
Rendement moyen par hectare, 25 hectolitres.
Prix moyen de l'hectolitre, 26 francs.
Revenu brut par hectare, 650 francs (Frais de culture non déduits).
Revenu viticole du département, 6,590,000 francs.

Production départementale : Vins ordinaires et communs.

Vins rouges par ordre de mérite : Jasnières, Bazouges, Brouassin, Arthezée, Chapelle-d'Aligné, Saint-Verand, Cromières, Gazonfière.

Vins blancs par ordre de mérite : La Flotte, La Chatre, Sainte-Cécile, Marcon, Château-du-Loir, Mareuil, Saint-Benoist, Saint-George, Champagne.

SAVOIE.

Région de l'Est.
Province du Dauphiné.

Ordre viticole, 58.

Superficie totale du département, 575,920 hectares.

Superficie viticole, 10,000 hectares.

Rendement moyen par hectare, 25 hectolitres.

Prix moyen de l'hectolitre, 30 francs.

Revenu brut par hectare, 750 francs (Frais de culture non déduits).

Revenu viticole du département, 7,500,000 francs.

Production départementale : Vins ordinaires.

Vins rouges par ordre de mérite : 1re classe: Montmelian, St-Jean-de-la-Porte, Mont-Termino, Cote-de-Chantagne, Trouvière, Cantefort, vins des Abymes, Prinscens, Echaillon. 2e classe : Bonne-Nouvelle, Aiton, St-Jean, St-Julien, St-Martin-de-la-Porte.

Vins blancs par ordre de mérite : Coteau d'Altesse, Merctel, Saint-Innocent, Lassararaz, Crépy, Rumilly.

SAVOIE (HAUTE).

Région de l'Est.

Province du Dauphiné.

Ordre viticole, 64.

Superficie totale du département, 431,715 hectares.

Superficie viticole, 5,000 hectares.

Rendement moyen par hectare, 50 hectolitres.

Prix moyen de l'hectolitre, 30 francs.

Revenu brut par hectare, 1500 francs (Frais de culture non déduits).

Revenu viticole du département, 7,500,000 francs.

Production départementale : Vins ordinaires et communs.

Vins rouges par ordre de mérite : Designy.

Vins blancs par ordre de mérite : Non dénommés.

SEINE.

Région du Nord-Ouest.
Province de l'Ile-de-France.
Ordre viticole, 69.
Superficie totale du département, 47,463 hectares.
Superficie viticole, 1200 hectares.
Rendement moyen par hectare, 50 hectolitres.
Prix moyen de l'hectolitre, 25 francs.
Revenu brut par hectare, 1250 francs (Frais de culture non déduits).
Revenu viticole du département, 1,500,000 francs.

Production départementale: Vins communs.

Vins rouges par ordre de mérite: Suresnes, Puteaux.

Vins blancs par ordre de mérite: Non dénommés.

SEINE-ET-MARNE.

Région du Nord-Ouest.
Province de l'Ile de France.
Ordre viticole, 59.
Superficie totale du département, 573,635 hectares.
Superficie viticole, 10,000 hectares.
Rendement moyen de l'hectare, 35 hectolitres.
Prix moyen de l'hectolitre, 16 francs.
Revenu brut par hectare, 560 francs (frais de culture non déduits).
Revenu viticole du département, 5,600,000 francs.

Production départementale : Vins ordinaires et communs.

Vins rouges par ordre de mérite : Fontainebleau, Grande-Paroisse, Sablons, Moret, Melun, Chartrette, Boissise, Héricy, Fericy, Provins, Coulommiers, St-Girex, Orly, Grand-Bréant, Meaux, Lagny.

Vins blancs par ordre de mérite : Chartrettes-de-la-Côte-des-Vallées.

SEINE-ET-OISE.

Région du Nord-Ouest.
Province de l'Ile de France.
Ordre viticole, 40.
Superficie totale du département, 560,382 hectares.
Superficie viticole, 20,000 hectares.
Rendement moyen par hectare, 50 hectolitres.
Prix moyen de l'hectolitre, 20 francs.
Revenu brut par hectare, 1000 francs (Frais de culture non déduits).
Revenu viticole du département, 20,000,000 de francs.

Production départementale : Vins ordinaires et communs.

Vins rouges par ordre de mérite : Mantes, Septeuil, Boissy-sans-Avoir, Athis, Mons, Andressy, Deuil, Montmorency, Argenteuil.

Vins blancs par ordre de mérite : Mignaux, Auteuil, Andressy.

SEINE-INFÉRIEURE.

Pas de vignes dans ce département.

SÈVRES (Deux).

Région de l'Ouest.
Province de Poitou.
Ordre viticole, 35.
Superficie totale du département, 600,000 hectares.
Superficie viticole, 22,000 hectares.
Rendement moyen par hectare, 30 hectolitres.
Prix moyen de l'hectolitre, 17 francs.
Revenu brut par hectare, 510 francs (Frais de culture non déduits).

Revenu viticole du département, 11,220,000 francs.

Production départementale : Vins ordinaires et communs.

Vins rouges par ordre de mérite : Mont-en-Saint-Martin-de-Sanzay, Bouillé-Loret, La Rochenard, Foy-Montjault, Airvault.

Vins blancs par ordre de mérite : non dénommés.

SOMME.

Pas de vignes dans ce département.

TARN.

Région du Centre-Sud.
Province du Languedoc.
Ordre viticole, 17.
Superficie totale du département, 574,000 hectares.
Superficie viticole, 38,000 hectares.
Rendement moyen par hectare, 20 hectolitres.
Prix moyen de l'hectolitre, 20 francs.
Revenu brut par hectare, 400 francs (Frais de culture non déduits).
Revenu viticole du département, 15,200,000 francs.

Production départementale : Vins ordinaires et communs.

Vins rouges par ordre de mérite : 1re classe : Cunac, Saint-Juery, Saint-Amarens, Albi, Gaillac. 2e classe : Milhars, Larroque, Florentin, La Grave, Tecou, Rabastens.

Vins blancs par ordre de mérite : Gaillac et environs.

TARN - ET - GARONNE.

Région du Sud-Ouest.
Province du Languedoc.

Ordre viticole, 18.
Superficie totale du département, 372,000 hectares.
Superficie viticole, 38,000 hectares.
Rendement moyen par hectare, 15 hectolitres.
Prix moyen de l'hectolitre, 20 francs.
Revenu brut par hectare, 300 francs (Frais de culture non déduits).
Revenu viticole du département, 11,400,000 francs.

Production départementale : Vins ordinaires et communs.

Vins rouges par ordre de mérite : Fau, Aussac, Auvillar, Saint-Loup, Campsas, Villedieu, Montbartier.

Vins blancs par ordre de mérite : Non dénommés.

VAR.

Région du Sud-Est.
Province de Provence.
Ordre viticole, 8.
Superficie totale du département, 726,000 hectares.
Superficie viticole, 85,000 hectares.
Rendement moyen par hectare, 25 hectolitres.
Prix moyen de l'hectolitre, 25 francs.
Revenu brut par hectare, 625 francs (Frais de culture non déduits).
Revenu viticole du département, 53,125,000 francs.

Production départementale : Vins fins ordinaires et de liqueur.

Vins rouges par ordre de mérite : 1re classe : La Gaude, St-Laurent, Cagnes, Saint-Paul, Villeneuve, La Malgue. 2e classe : Bandols, Le Castellet, Saint-Cyr, Le Beausset. 3e classe : La Cadière, Saint-Nazaire, Ollioules, Pierrefeu, Cuers, Solliès-Farlède,

Hyères, Lorgues, St-Tropez, Brignoles, Roque, Bras, St-Zacharie, Rougiès, Nans, St-Maximin, Tourvès, Garéoult, Néoules, Méounes, Signes, Carnoules, Pignans, Besse, Caries.

Vins blancs par ordre de mérite : Non dénommés.

VAUCLUSE.

Région du Sud-Est.
Province du Comtat.
Ordre viticole, 27.
Superficie totale du département, 355,429 hectares.
Superficie viticole, 30,000 hectares.
Rendement moyen par hectare, 20 hectolitres.
Prix moyen de l'hectolitre, 25 francs.
Revenu brut par hectare, 500 francs (Frais de culture non déduits).
Revenu viticole du département, 15,000,000 de francs.

Production départementale : Vins fins, ordinaires et liqueurs.

Vins rouges par ordre de mérite : 1re classe : Châteauneuf-du-Pape, La Nerthe, Sorgues, St-Sauveur. 2e classe : Châteauneuf-de-Gadogne. 3e classe : Moriéres, Avignon, Orange, Serignan.

Vins blancs par ordre de mérite : Beaume et Mazan.

VENDEE.

Région de l'Ouest.
Province du Poitou.
Ordre viticole, 50.
Superficie totale du département, 670,350 hectares.
Superficie viticole, 16,000 hectares.
Rendement moyen par hectare 35 hectolitres.
Prix moyen de l'hectolitre, 12 francs.

Revenu brut par hectare, 420 francs (Frais de culture non déduits.

Revenu viticole du département, 6,720,000 francs.

Production départementale : Vins communs.

Vins rouges par ordre de mérite : Luçon, Faymoreau, Sigournay, les Herbiers, Talmont.

Vins blancs par ordre de mérite : Non dénommés.

VIENNE.

Région de l'Ouest.

Province du Poitou.

Ordre viticole, 22.

Superficie totale du département, 697,000 hectares.

Superficie viticole, 33,560 hectares.

Rendement moyen par hectare, 25 hectolitres.

Prix de l'hectolitre, 15 francs.

Revenu brut par hectare, 375 francs (Frais de culture non déduits).

Revenu viticole du département, 12,585,000 francs.

Production départementale : Vins ordinaires et communs.

Vins rouges par ordre de mérite : Champigny, St-Georges-les-Baillargeaux, Couture, Jaulnay, Dissay, Chauvigny, St-Martin-la-Rivière, Villemort, St-Romain, Vaux, Neuville, Mirebeau.

Vins blancs par ordre de mérite : Loudun, Trois-Moutiers, Saix, Solomé, Roiffé, St-Léger, Curzay, Ranton, Pouançay et Chatellerault.

VIENNE (Haute).

Region du Centre-Sud.

Province du Limousin.

Ordre viticole, 67.

Superficie totale du département, 551,658 hectares.

Superficie viticole, 3,000 hectares.

Rendement moyen par hectare, 20 hectolitres.

Prix moyen de l'hectolitre, 25 francs.

Revenu brut par hectare, 500 francs (Frais de culture non déduits).

Revenu viticole du département, 1,500,000 francs.

Production départementale : Vins communs.

Vins rouges par ordre de mérite : Isle, Aixe, Verneuil, Bellac, St-Bonnet, La Croix, Peyrac, Pont-St-Martin, Darnac, St-Ouen, Dorat, Magnac-Laval, Dompierre, Rançon, Bussière-Boffy, St-Junien, Rochechouart, Chaillac, St-Victurnien, St-Brice, Saint-Martin-de-Jussac.

Vins blancs par ordre de mérite : Non dénommés.

VOSGES.

Région du Nord-Est.

Province de Lorraine.

Ordre viticole, 65.

Superficie totale du département, 608,000 hectares.

Superficie viticole, 5,000 hectares.

Rendement moyen par hectare, 50 hectolitres.

Prix moyen de l'hectolitre, 30 francs.

Revenu brut par hectare, 1500 francs, (Frais de culture non déduits).

Revenu viticole du département, 7,500,000 francs.

Production départementale : Vins ordinaires et communs.

Vins rouges par ordre de mérite : Charmes, Xaronval, Ubexy, Vincey, Portieux, Gircourt, Neufchâteau, Epinal, St-Dié.

Vins blancs par ordre de mérite : Non dénommés.

YONNE.

Région du Centre-Nord.

Province de la Basse-Bourgogne.

Ordre viticole, 19.

Superficie totale du département, 720,372 hectares.

Superficie viticole, 38,000 hectares.

Rendement moyen par hectare, 40 hectolitres.

Prix moyen de l'hectolitre, 25 francs.

Revenu brut par hectare, 1,000 francs (Frais de culture non déduits).

Revenu viticole du département, 38,000,000 de francs.

Production départementale : Vins fins et ordinaires.

Vins rouges par ordre de mérite : 1re classe : Dannemoine, Tonnerre, Auxerre. 2e classe : Epineuil, Irancy, Coulange-la-Vineuse. 3e classe : Vincelottes, Avallon, Vezelay, Givry, Joigny. 4e classe : Cheney, Vaulichères, Tronchoy, Molesme, Cravant, Jussy, Vermanton, Saint-Bris, Arcy-sur-Cure, Pourly, Pontigny, Vezinnes, Junay, St-Martin-sur-Armançon, Commissey, Neuvy-Sautour, Villeneuve-le-Roi, St-Julien-du-Sault, Paron, Marsangy, Rousson, Collemiers, Rozoy, Gron et Véron.

Vins blancs par ordre de mérite : 1re classe : Junay, Epineuil, Chablis, Tonnerre, Dannemoine, Fley. 2e classe : Milly, Maligny, Poinchy, Chichée, Fontenay, Champs, St-Bris, Viviers, Beru. 3e et 4e classe : Roffey, Serigny, Tissey, Vezannes, Bernouil, Dié, Tanlay, Chemilly, Villy, Ligny-le Châtel, Poilly, Courgy, Bennes.

CHAPITRE IX

Des lois qui régissent actuellement le commerce des Vins et Spiritueux.

—

LOI DU 1er SEPTEMBRE 1871.

PORTANT AUGMENTATION DES IMPOTS CONCERNANT LES CONTRI-
BUTIONS INDIRECTES.

Art 1er. — Le droit de circulation sur les vins, cidres, poirés et hydromels sera perçu en principal et
par chaque hectolitre, conformément au tarif ci-après :

Vins en cercles à destination des départements :
première classe, un franc vingt centimes; deuxième
classe, un franc soixante centimes; troisième classe,
deux francs ; quatrième classe, deux francs quarante
centimes.

Vins en bouteilles, quelque soit le département,
quinze francs.

Cidres, poirés et hydromels, un franc.

La « taxe de remplacement » perçue aux entrées
de Paris sera portée en principal :

Sur les vins en cercles à huit francs cinquante centimes; en bouteilles à quinze francs.

Dans les autres villes rédimées la « taxe de remplacement » sera révisée eu égard au nouveau droit
de circulation.

Art. 2. — Le droit général de consommation par hectolitre d'eaux-de-vie et esprits en cercles, par hectolitres d'eaux-de-vie et esprits en bouteilles, de liqueurs et absinthes en cercles et en bouteilles et de fruits à l'eau-de vie est fixé à cent vingt-cinq francs en principal.

Les débitants établis dans les villes, qui sont soumises à une taxe unique, les débitants établis en tous autres lieux et qui payent le droit général de consommation à l'arrivée, conformément à l'art. 41 de la loi du 28 avril 1832, seront tenus d'acquitter, par hectolitre, un complément de cinquante francs en principal, sur les quantités qu'ils auront, en leur possession, à l'époque où les dipositions du présent article seront exécutoires et qui seront constatées par voie d'inventaire.

A dater de la même époque, la taxe « de remplacement » aux entrées de Paris sera portée à cent quarante-un-francs en principal, par hectolitre d'alcool pur contenu dans les eaux-de-vie et esprits en cercles, par hectolitre d'eaux-de-vie et esprits en bouteilles, de liqueurs et absinthes en cercles et en bouteilles, et de fruits à l'eau-de-vie.

Art. 3. — Les vins présentant une force alcoolique supérieure à 15 degrés, sont passibles du double droit de consommation, d'entrée ou d'octroi pour la quantité d'alcool comprise entre 15 et 21 degrés. Les vins représentant une force alcoolique supérieure à 21 degrés seront imposés comme alcool pur.

Art. 4. — Le droit à la fabrication des bières sera porté pour la bière forte à 3 fr. 60 l'hectolitre, décimes compris; pour la petite bière à 1 fr. 20.

Art. 5. — Les droits de 0 fr. 25 c. et de 0 fr. 40

centimes actuellement perçus par chaque jeu de car-
tes à jouer seront..............................

Art. 6. — A partir du 1er octobre 1871, les droits
de licence seront perçus d'après le tarif suivant, sur
les assujettis qui y sont dénommés :

Débitants de boissons : dans les communes au-
dessous de 4,000 âmes, 12 fr. ; dans celles de 4,000 à
6,000 âmes, 16 fr. ; dans celles de 6,000 à 10,000 âmes,
20 fr. ; dans celles de 10,000 à 15,000 âmes, 24 fr. ;
dans celles de 15,000 à 20,000 âmes, 28 fr.; dans celles
de 20,000 à 30,000 âmes, 32 fr.; dans celles de 30,000
à 50,000 âmes, 36 francs; dans celles de 50,000
âmes et au-dessus (Paris excepté) 40 francs.

Brasseurs : Dans les départements de l'Aisne, des
Ardennes, de la Côte-d'Or, de la Meurthe, du Nord,
du Pas-de-Calais, du Rhône, de la Seine, de la Seine-
Inférieure, de Seine et-Oise et de la Somme, 100 fr. ;
dans les autres départements 60 francs.

Bouilleurs et distillateurs de profession : dans tous
les lieux, 20 francs.

Marchands en gros de boissons : dans tous les
lieux, 100 francs.

LOI DU 28 FÉVRIER 1872.

POUR LA RÉPRESSION DE LA FRAUDE SUR LES SPIRITUEUX,

Art. 1er. — Les déclarations exigées avant l'enlèvement des boissons par l'art. 10 de la loi du 28
avril 1816 contiendront, outre les énonciations prescrites par ledit article, l'indication des principaux
lieux de passage que devra traverser le chargement,
et celle des divers modes de transport qui seront successivement employés, soit pour toute la route à par-

courir, soit pour une partie seulement ; à charge, dans ce dernier cas, de compléter la déclaration en cours de transport.

Les contraventions aux dispositions du présent article seront punies de la confiscation des boissons saisies et d'une amende de 500 à 5,000 francs.

Art. 2. — Tout destinataire de boissons spiritueuses accompagnées d'un acquit-à-caution, et qui auront parcouru un trajet de plus de quatre myriamètres, sera tenu de représenter, en même temps que l'expédition de la Régie, les bulletins de transport, lettres de voiture et connaissements applicables au chargement.

A défaut de l'accomplissement de cette formalité, et dans le cas où il ne résulterait pas des pièces représentées que le transport des spiritueux a réellement eu lieu dans les conditions de la déclaration, les doubles droits, garantis par l'acquit-à-caution, deviendront exigibles, sans préjudice de toutes autres peines encourues par contraventions.

Art. 3. — Les acquits-à-caution délivrés pour le transport des boissons ne seront déchargés qu'après la prise en charge des quantités y énoncées, si le destinataire est assujetti aux exercices des employés de la Régie, ou le payement du droit, dans le cas où il serait dû à l'arrivée.

Les employés ne pourront délivrer de certificats de décharge pour les boissons qui ne seraient pas représentées ou qui ne le seraient qu'après l'expiration du terme fixé par l'acquit-à-caution, ni pour les boissons qui ne seraient pas de l'espèce énoncée dans l'acquit-à-caution.

Les marchands en gros ne pourront user du bénéfice de l'art. 100 de la loi du 28 avril 1816, qui leur permet de transvaser, mélanger et couper leurs boissons, hors de la présence des employés, que lorsque les boissons qu'ils auront reçues avec acquit-à-caution, auront été vérifiées par le service de la Régie et reconnues entièrement conformes à l'expédition.

Art. 4. — Sont assujettis aux formalités à la circulation prescrites par le chapitre 1er, titre 1 de la loi du 28 avril 1816, les vernis, eaux de senteur, éther, chloroforme, et toutes autres préparations à base alcoolique.

Art. 5. — Tous les employés de l'administration des finances, la gendarmerie, tous les agents des Pont-et-Chaussées, de la navigation et des chemins vicinaux, autorisés par la loi à dresser des procès-verbaux, pourront verbaliser en cas de contravention aux lois sur la circulation des boissons.

LOI DU 26 MARS 1872

ONCERNANT LA FABRICATION DES LIQUEURS ET LA PERCEPTION
DU DROIT D'ENTRÉE SUR LES SPIRITUEUX.

Art. 1er. — Les liqueurs, les fruits à l'eau-de-vie, et les eaux-de-vie en bouteilles seront taxés comme les eaux-de-vie et les esprits en cercles, proportionnellement à la richesse alcoolique.

Art. 2. — Le droit de consommation par hectolitre d'alcool pur contenu dans les liqueurs, les fruits à l'eau-de-vie et les eaux-de-vie en bouteilles, est fixé, en principal, à cent soixante-quinze francs (175 fr :) avec addition de deux centimes.

Art. 3. — L'absinthe, soit en bouteilles, soit en cercles, continuera d'être considérée comme alcool pur et sera passible du droit de cent soixante-quinze francs (175 fr.) en principal, et à Paris d'une taxe de remplacement de cent quatre-vingt-dix-neuf francs (199 fr.) également en principal.

Art. 4. — La préparation concentrée connue sous le nom d'essence d'absinthe ne sera plus fabriquée et vendue qu'à titre de substance médicamenteuse. Le commerce de la dite essence et sa vente par les pharmaciens s'effectueront conformément aux prescriptions des titres I et II de l'ordonnance royale du 29 octobre 1846.

Toute contravention aux prescriptions dudit article sera punie des peines portées en l'article 1er de la loi du 17 juillet 1845.

Art. 5. — Le droit d'entrée par hectolitre d'alcool pur que contiennent ou que représentent les spiritueux quelconques, les préparations alcooliques quelconques, est fixé, en principal, ainsi qu'il suit :

Dans les communes ayant une population agglomérée de

4,000 âmes à 6,000............	6 francs
6,000 âmes à 10,000............	9 —
10,000 âmes à 15,000............	12 —
15,000 âmes à 20,000............	15 —
20,000 âmes à 30,000............	18 —
30,000 âmes à 50,000............	21 —
50,000 âmes et au-dessus......	24 —

Art. 6. — Le droit de remplacement aux entrées de Paris, en principal, par hectolitre d'alcool pur :

Pour les eaux-de-vie et esprits en cercles, droit de consommation et droit d'entrée, à cent quarante-neuf francs (149 fr.).

Pour les liqueurs, les fruits à l'eau-de-vie et les eaux-de-vie en bouteilles, droit de consommation et droit d'entrée, avec addition de deux décimes à cent quatre-vingt-dix neuf francs. (199 fr.).

Art. 7. — Dans les magasins des fabricants et marchands en gros, les liqueurs, les fruits à l'eau-de-vie et les eaux-de-vie en bouteilles devront être rangés distinctement par degré de richesse alcoolique. Des étiquettes indiqueront d'une manière apparente le degré alcoolique.

Quels que soient l'expéditeur et le destinataire, les déclarations d'enlèvement relatives aux liqueurs, aux fruits à l'eau-de-vie et aux eaux-de-vie en bouteilles énonceront leur degré alcoolique, lequel sera mentionné dans les acquits-à-caution, congés et passavants délivrés par la régie.

Art. 8. — Relativement aux eaux-de-vie et esprits en nature, qu'ils voudront expédier en cercles, les marchands en gros liquoristes ne pourront faire d'expéditions qu'en futailles contenant au moins vingt-cinq litres.

Ces expéditions, qui auront lieu en présence des employés, devront être déclarées quatre heures d'avance dans les villes, et douze heures dans les campagnes.

Art. 9. — Les liquoristes marchands en gros seront tenus de payer immédiatement les droits spéciaux à l'alcool contenu dans les liqueurs et fruits à l'eau-de-vie, pour toutes les quantités d'alcool reconnues manquantes dans leurs ateliers de fabrication au-delà des déductions allouées pour ouillage et coulage, et réglées conformément aux dispositions de l'art. 7 de la loi du 20 juillet 1837.

Art. 10. — Toute fausse indication, toute fausse déclaration relativement à la richesse alcoolique des liqueurs, des fruits à l'eau-de-vie et des eaux-de-vie en bouteilles, ainsi que toute autre contravention à la présente loi, sera punie d'une amende de cinq cents francs à cinq mille francs (500 fr. à 5,000 fr.) indépendamment de la confiscation des boissons.

Toute introduction clandestine d'eaux-de-vie ou d'esprits chez les liquoristes donnera lieu à l'application de ces pénalités, non seulement contre les liquoristes eux-mêmes, mais encore contre les individus qui auront sciemment fourni les eaux-de-vie ou esprits.

L'administration pourra appliquer à ceux qui auront subi les condamnations ci-dessus énoncées, le régime suivant :

Les eaux-de-vie et esprits destinés à la fabrication des liqueurs et fruits à l'eau-de-vie, devront être emmagasinés dans des locaux distincts, n'ayant aucune communication intérieure avec les autres magasins affectés aux eaux-de-vie et esprits en nature.

Art. 11. — Les liquoristes débitants restent assujettis aux dispositions du chapitre 3 du titre 1er de la loi du 28 août 1816, sous la modification prononcée par la présente loi, quant au droit de consommation porté à cent soixante-quinze francs (175 fr.) en principal par hectolitre d'alcool employé à la fabrication des liqueurs.

LOI DU 2 AOUT 1872.

SUR LES BOUILLEURS DE CRU.

Art. 1er. — Tout détenteur d'appareils propres à la

distillation d'eaux-de-vie ou d'esprits est tenu de faire au bureau de la régie une déclaration énonçant le nombre et la capacité de ses appareils.

Art. 2. — Les bouilleurs et distillateurs qui mettent en œuvre des vins, cidres, poirés, marcs, lies, cerises et prunes provenant exclusivement de leur récolte, demeurent exempts de la licence ; ils sont affranchis du payement de l'impôt général sur les eaux-de-vie et esprits produits et consommés sur place, dans la limite de quarante litres d'alcool par année, et ils cessent d'être soumis aux visites et vérifications des employés de la régie dès qu'il n'ont plus en compte que de l'alcool exempt ou libéré de l'impôt. Sous ces réserves, la législation relative aux distillateurs de profession est rendue applicable aux bouilleurs de crû.

Art. 3. — Les vins qui seront connus comme présentant naturellement une force alcoolique supérieure à 15° seront marqués au départ chez le récoltant expéditeur, avec mention sur l'acquit-à-caution, et seront affranchis des doubles droits de consommation, d'entrée et d'octroi.

Art. 4. — Les alcools dénaturés de manière à ne pouvoir être consommés comme boissons, seront soumis, en tous lieux, à une taxe spéciale dite de dénaturation, dont le taux est fixé en principal, à 30 francs par hectolitre d'alcool pur. Le droit d'octroi sur les alcools dénaturés ne pourra pas excéder le quart du droit du trésor.

Art. 5. — Le comité des arts et manufactures déterminera, pour chaque branche d'industrie, les conditions dans lesquelles la dénaturation des alcools devra être opérée en présence des employés de la régie.

Art. 6. — La disposition de la loi du 21 avril 1832, qui oblige les distillateurs et les marchands en gros établis dans les villes à présenter une caution solvable, qui s'engage solidairement avec eux à payer les droits constatés à leur charge, est rendue applicable pour les taxes générales et locales à tous les distillateurs de profession, et à tous les marchands en gros indistinctement. La même obligation pourra être imposée par la Régie aux personnes qui, faisant le commerce en détail des eaux-de-vie, esprits et liqueurs, auraient en leur possession plus de dix hectolitres d'alcool.

Art. 7. — Les contraventions à la présente loi et toutes autres contraventions qui, se rapportant à la distillation ainsi qu'au commerce en gros et en détail des spiritueux, donnent lieu maintenant à l'application des articles 95, 96, 106 et 143 de la loi du 28 avril 1816, seront frappées des peines édictées par l'art. 1er de la loi du 28 février 1872.

Art. 8. — Tout acquit-à-caution devra porter l'indication des substances avec lesquelles ont été fabriqués les produits qu'il accompagnera, et l'acquit délivré sera sur papier blanc pour les alcools de vin, sur papier rouge pour les alcools d'industrie, et sur papier bleu pour les mélanges.

Les propriétaires, fermiers, expéditeurs et destinataires pourront, avec l'autorisation du juge de paix, prendre connaissance sur place des livres et registres de la Régie des contributions indirectes.

Il est dû un droit de recherche de 1 franc par compte communiqué.

DÉCRET DU 26 SEPTEMBRE 1872

SUR LA DÉDUCTION DES ALCOOLS.

Art. 1er. — Les déductions à allouer annuellement aux marchands en gros et autres entrepositaires pour ouillage, coulage, soutirage, affaiblissement de degrés, et pour tous autres déchets sur les alcools et liqueurs, tant en cercles qu'en bouteilles, seront uniformément calculées dans toute la France à raison de 7 p. 100.

Art. 2. — La disposition qui précède aura son effet à partir du 1er janvier 1873.

LOI DU 21 JUIN 1873

PORTANT DIVERSES RÉGLEMENTATIONS.

Art. 1er. — Les agents de l'administration des contributions indirectes pourront prêter serment et exercer leurs fonctions à partir de l'âge de vingt ans.

Art. 2 — Est étendu aux gardes-champêtres le pouvoir donné par l'article 5 de la loi du 28 février 1872 aux agents qu'il énumère, de verbaliser en cas de contravention aux lois sur la circulation des boissons.

Art. 3. — Les procès-verbaux dressés par les agents des contributions indirectes seront affirmés par deux verbalisants, dans les trois jours de la clôture de l'acte, devant l'un des juges de paix établis dans le ressort du tribunal, qui doit connaître le procès-verbal, ou devant l'un des suppléants de ce juge de paix. L'affirmation énoncera qu'il en a été donné lecture aux affirmants.

Art. 4. — Les procès-verbaux dressés avec l'accomplissement des formalités indiquées par les articles 21 à 24 du 1er germinal an XIII, par deux des employés des contributions indirectes, dont l'un sera majeur, des douanes ou des octrois, et affirmés par eux, conformément à l'article précédent, feront foi en justice, jusqu'à inscription de faux, conformément à l'article 26 du décret précité.

Art. 5. — Lorsqu'un procès-verbal constatant une contravention à la circulation des boissons aura été dressé par un ou plusieurs des autres agents, autorisés par la loi, à verbaliser, suivant les formes propres à l'administration ou aux services auxquels ils appartiennent, ou bien encore par un seul des employés des contributions indirectes, il ne fera foi en justice, que jusqu'à preuve contraire, conformément aux articles 154 et suivants du Code d'instruction criminelle.

Art. 6. — Tout transport de spiritueux sans expédition ou avec une expédition inapplicable, donnera lieu aux pénalités édictées par l'article 1er de la loi du 28 février 1872.

Les déclarations d'enlèvement d'alcools et spiritueux devront porter la contenance de chaque fût et le degré, avec un numéro correspondant à celui placé sur le fût.

Le dépotoir cylindrique à échelle, de même que tout dépotoir dont l'exactitude aura été constatée par les vérificateurs des poids et mesures, sera désormais placé au nombre des mesures légales, et poinçonné par lesdits vérificateurs.

Art. 7. — Les contraventions auxquelles se réfèrent les articles 19 et 96 de la loi du 28 février 1816, le second alinéa de l'article 106 de ladite loi et le second alinéa de l'article 1er de la loi du 28 février

1872. donneront lieu dorénavant, lorsqu'elles auront pour objet des vins, cidres, poirés et hydromels, à l'application d'une amende de 200 fr. à 1,000 fr., indépendamment de la confiscation des boissons saisies.

En cas de récidive, l'amende ne pourra pas être inférieure à 500 francs.

Une tolérance de 1 p. 100, soit sur la contenance, soit sur le degré, est accordée aux expéditeurs sur leurs déclarations d'alcools, spiritueux, vins, cidres, poirés et hydromels ; mais les quantités reconnues en excédant seront prises en charge au compte du destinataire.

Art. 8. — Si le certificat de décharge d'un acquit-à-caution n'est pas représenté, l'action de la régie contre l'expéditeur devra être intentée, sous peine de déchéance, dans le délai de quatre mois, à partir de l'expiration du délai fixé pour le transport.

Art. 9. — Toute personne convaincue d'avoir sciemment recélé dans des caves, celliers, magasins ou autres locaux dont elle a la jouissance, des boissons qui auront été reconnues appartenir à un débitant, à un marchand en gros, à un distillateur ou à un bouilleur, sera punie des peines portées par l'article 7 de la présente loi ou par l'article 1er de la loi du 28 février 1872, suivant les cas, sans préjudice des peines encourues par l'auteur de la fraude.

Art. 10. — Les soumissionnaires des acquits-à-caution délivrés pour le transport des vins contenant plus de 15 p. 100 d'alcool, s'obligeront à payer, à défaut de justification de la décharge de ces acquits-à-caution :

1° Le sextuple droit de circulation sur le volume total du liquide imposable comme vin ;

2° Le quadruple droit de consommation sur la quantité d'alcool comprise entre 15 et 21 centièmes.

Cette disposition n'est pas applicable aux vins qui, présentant naturellement une force alcoolique supérieure à quinze degrés, sans dépasser dix-huit degrés, sont expédiés directement par les propriétaires récoltants.

Art. 11. — Les contraventions constatées en matière de boissons aux entrées de Paris et Lyon et qui constituent une fraude, soit au droit général de consommation sur les alcools ou spiritueux, soit au droit de circulation sur les vins, cidres, poirés ou hydromels, en même temps qu'au droit d'entrée compris dans la taxe unique, dite de *remplacement*, sont passibles de la double amende fixée par l'article 46 de la loi du 28 avril 1816 et par les articles 6 et 7 de la présente loi, sans préjudice des pénalités d'octroi et des autres peines spéciales à la récidive et aux cas de fraude par escalade, par souterrain ou à main armée, prévus par le deuxième paragraphe de l'article 46 de la loi du 28 avril 1816.

Art. 12. — En cas de fraude dissimulée sous vêtements, ou au moyen d'engins disposés pour l'introduction ou le transport frauduleux d'alcools ou de spiritueux, soit à l'entrée, soit dans un rayon d'un myriamètre, à partir de la limite de l'octroi pour les villes de cent mille âmes et au-dessus, et de cinq kilomètres pour les villes au-dessous de cent mille âmes, d'un lieu sujet au droit d'entrée, les contrevenants encourront une peine correctionnelle de six jours à six mois d'emprisonnement.

Seront considérés comme complice de la fraude et passibles comme tels des peines ci-dessus, tous individus qui auront concerté, organisé ou sciemment procuré les moyens à l'aide desquels la fraude a été commise ; ceux qui, soit à l'intérieur du lieu sujet, soit à l'extérieur dans les limites du rayon indiquées au paragraphe précédent, auront formé, ou sciemment laissé former dans leurs propriétés ou dans les locaux tenus par eux à location, des dépôts clandestins destinés à opérer le vidage ou le remplissage des engins de fraude.

Art. 13. — Dans les cas de fraudes prévues par l'article précédent et par les lois antérieures, les transporteurs ne seront pas considérés, eux et leurs préposés ou agents, comme contrevenants, lorsque, par une désignation exacte et régulière de leurs commettants, ils mettront l'administration en mesure d'exercer des poursuites contre les véritables auteurs de la fraude.

Art. 14. — La pénalité ci-dessus de six jours à six mois d'emprisonnement sera appliquée aux contrevenants qui, contrairement à la prohibition de l'article 10 de la loi du 22 mai 1822 et de l'ordonnance royale du 20 juillet 1825, auront fabriqué, distillé, revivifié à l'intérieur de Paris ou de toute autre localité soumise au même régime prohibitif, des eaux-de-vie ou esprits, ou revivifié des alcools dénaturés préalablement introduits, avec payement de la taxe réduite.

Art. 15. — Dans les cas prévus par les articles 12 et 14 de la présente loi, et dans ceux prévus par l'article 46 de la loi du 28 avril 1816, les procès-verbaux constatant les contraventions seront transmis au procureur de la République et déférés aux tribunaux compétents. Dans ces divers cas, le droit de transaction ne pourra s'exercer qu'après le jugement rendu et seulement sur le montant des condamnations pécuniaires prononcées.

Dans tous ces mêmes cas où la peine d'emprisonnement est prononcée par la loi contre les délinquants,
les tribunaux pourront appliquer, mais seulement en
ce qui concerne cette peine d'emprisonnement, l'article 463 du Code pénal.

Art. 16. — Dans les villes sujettes au droit d'entrée
ou à la taxe unique, les envois de boissons à l'intérieur
du lieu sujet par des marchands en gros, des distillateurs, des liquoristes marchands en gros à d'autres
commerçants des mêmes catégories, devront toujours
être déclarés au moins deux heures avant l'heure indiquée pour l'enlèvement.

La régie est autorisée à désigner dans chacune de
ces villes, selon les besoins de son service, un ou plusieurs bureaux où les déclarations de ces envois devront être faites à l'exclusion de tous autres.

Art. 17. — Sauf les cas de franchise prévus par la
loi, le droit de circulation fixé à 15 francs par hectolitre,
en principal, pour les vins en bouteilles, sera appliqué à toute quantité quelconque que les marchands
en gros, les débitants ou les récoltants, quel que soit
le régime de perception dans le lieu de leur domicile,
expédieront à des consommateurs en tous lieux, ou à
des débitants établis dans une ville à taxe unique.

Sont abrogées, en ce qui concerne exclusivement
les vins en bouteilles, les dispositions de l'article 102
de la loi du 28 avril 1816 et de l'article 16 du décret
du 17 mars 1852.

. . . .

Art. 25. — Les contraventions à la présente loi, ainsi

qu'aux règlements d'administration publique rendus pour l'exécution de la loi du 4 septembre 1871, en ce qui concerne le papier et la chicorée, seront punis des peines portées à l'art. 5 de la loi du 4 septembre 1871.

Délibéré en séance publique, à Versailles, le 21 juin 1873.

LOI DU 30 DÉCEMBRE 1873

PORTANT ÉTABLISSEMENT DE TAXES ADDITIONNELLES AUX IMPOTS INDIRECTS.

Art. 1er. — Sont établis à titre extraordinaire et temporaire, les augmentations d'impôts et les impôts énumérés dans la présente loi.

Art. 2. — Il est ajouté aux impôts et produits de toute nature déjà soumis aux décimes par les lois en vigueur :

5 p. 100 du principal sur les impôts et produits dont le principal seul est déterminé par la loi, ainsi que pour les amendes et condamnations judiciaires.

. . . .

Art. 6. — Les augmentations de droits établis par les articles précédents sont applicables à partir de la promulgation de la présente loi.

Ces augmentations de droits doivent être acquittées sur les quantités, même libérées des impôts antérieurs, existant à cette époque dans les fabriques ou magasins ou dans tout autre lieu, en la possession des fabricants, raffineurs et commerçants.

Les quantités seront reprises par voie d'inventaire.

. . . .

LOI DU 30 DECEMBRE 1873

AYANT POUR OBJET D'ÉLEVER LES DROITS D'OCTROI SUR LES ALCOOLS DANS LA BANLIEUE DE PARIS.

Art. 1ᵉʳ. — A partir de la promulgation de la présente loi, et jusqu'au 31 décembre 1876 inclusivement, le droit d'octroi sur les alcools, dans la banlieue de Paris, sera perçu conformément au tarif ci-après.

Alcool pur contenu dans les eaux-de-vie, esprits, liqueurs et fruits à l'eau-de-vie, en principal par hectolitre, 66 fr. 50.

Absinthe (volume total), en principal par hectolitre, 66 fr. 50.

Art. 2. — La moitié des produits de la perception sera répartie, à la fin de chaque mois, entre les communes situées dans la banlieue, en proportion de leur population respective.

La deuxième moitié sera répartie, jusqu'à concurrence des deux tiers, entre lesdites communes, au prorata de la part attribuée à chacune d'elles dans les dépenses de police, par application de l'article 3 de la loi du 10 juin 1853.

LOI DU 31 DECEMBRE 1873

ÉTABLISSANT UNE AUGMENTATION D'IMPOT SUR LES BOISSONS.

Art. 1ᵉʳ. — Le coût des acquits-à-caution et passavants de toute sorte est élevé à 50 centimes, y compris le timbre.

Art. 2. — Le droit d'entrée sur les vins, cidres, poirés et hydromels est perçu conformément au tarif ci-après :

POPULATION agglomérée DES COMMUNES.	Droit en principal par hectolitre de vin en cercles et en bouteilles dans les départements.				DROIT en principal par hectolitre de cidre, poiré et hydromel.
	de 1re classe	de 2e classe	de 3e classe	de 4e classe	
De 4.000 à 6.000........	» 45	» 60	» 75	» 90	» 40
6.001 10.000........	» 70	» 90	1 15	1 35	» 60
10.001 15.000........	» 90	1 20	1 50	1 80	» 75
15.001 20.000........	1 15	1 50	1 90	2 25	1 »
20.001 30.000........	1 35	1 80	2 25	2 70	1 15
30.001 50.000........	1 60	2 10	2 65	3 15	1 35
50.000 et au-dessus..	1 80	2 40	3 »	3 60	1 50

La taxe de remplacement perçue aux entrées de Paris est portée en principal par hectolitre :

Pour les vins en cercles, à .... 9 50.

Pour les vins en bouteilles, à .... 16 ».

Pour les cidres en cercles et en bouteilles, à 4 75.

Dans les autres villes rédimées, la taxe de remplacement est accrue du montant de l'élévation des droits d'entrée.

Art. 3. — A moins qu'une loi spéciale n'en décide autrement, les taxes d'octroi sur les vins, cidres, poirés et hydromels ne peuvent excéder de plus d'un tiers les droits d'entrée perçus par le Trésor public.

Dans les communes de moins de 4,000 âmes, les taxes d'octroi peuvent atteindre, mais non dépasser, la limite fixée pour les communes de 4,000 à 6,000 âmes.

....

LOI DU 4 MARS 1874

CONCERNANT LES ALCOOLS DÉNATURÉS ET LES BOUILLEURS DE CRU.

. . . .

. . . .

Art. 20. — Les alcools dénaturés sont soumis à la taxe de 30 fr. énoncée en l'art. 4 de la loi du 2 août 1872, et aux décimes et demi-décimes établis par les lois ultérieures, « quel que soit le lieu de leur fabrication et alors même qu'ils seraient fabriqués, dans les établissements où ils doivent être employés pour les usages industriels auxquels on les destine. »

Art. 21. — La quantité de 40 litres d'alcool par année, pour laquelle l'affranchissement du droit général de consommation est accordé aux bouilleurs et distillateurs par l'article 2 de la loi du 2 août 1872, est réduite à 20 litres.

Art. 22. — Un règlement d'administration publique déterminera des mesures nécessaires pour assurer la perception de l'impôt dans les distilleries, chez les dénaturateurs d'alcool, et relativement aux versements d'alcool sur les vins.

Les contraventions aux dispositions de ce règlement sont passibles des peines édictées par l'article 1er de la loi du 28 février 1872.

CHAPITRE X

Conséquences des lois promulguées depuis le 1er septembre 1871.

LOI DU 1er SEPTEMBRE 1871. — Avant cette loi le droit de circulation sur les vins, cidres, poirés et hydromels était perçu en vertu du décret du 17-20 mars 1852.

Par la loi du 1er septembre 1871, le droit de circulation par hectolitre, sur les vins en cercles s'établit par classe, (1) ainsi qu'il suit :

Vins en cercles.

1re classe   1 fr. 20 avec les décimes 1 fr. 44 par hectolitre
2e classe   1 fr. 60   —   1 fr. 92   —
3e classe   2 fr. »»   —   2 fr. 40   —
4e classe   2 fr. 40   —   2 fr. 88   —

(1) 1re Classe : Alpes (Basses), Ariège, Aube, Aude, Aveyron, Bouches-du-Rhône, Charente, Charente-Inférieure, Dordogne, Gard, Garonne (Haute), Gers, Gironde, Hérault, Landes, Lot, Lot-et-Garonne, Pyrénées (Basses), Pyrénées (Hautes), Pyrénées-Orientales, Tarn, Tarn-et-Garonne, Var, Vaucluse.

2e Classe : Ain, Allier, Alpes (Hautes), Alpes-Maritimes, Ardèche, Cher, Côte-d'Or, Drôme, Indre, Indre-et-Loire, Isère, Loir-et-Cher, Loire-Inférieure, Loiret, Maine-et-Loire, Marne, Marne (Haute), Meurthe-et-Moselle, Meuse, Nièvre, Puy-de-Dôme, Sèvres (Deux), Vendée, Vienne, Yonne.

3e Classe : Aisne, Cantal, Corrèze, Creuse, Doubs, Eure, Eure-et-Loir, Jura, Loire, Loire (Haute), Lozère, Morbihan, Oise, Rhône, Saône (Haute), Saône-et-Loire, Sarthe, Savoie, Savoie (Haute), Seine, Seine-et-Marne, Seine-et-Oise, Vienne (Haute), Vosges.

4e Classe : Ardennes, Calvados, Côtes-du-Nord, Finistère, Ille-et-Vilaine, Manche, Mayenne, Nord, Orne, Pas-et-Calais, Seine-Inférieure, Somme.

Les vins en bouteilles payent, quel que soit le département, une taxe principale

de...................... 15 francs par hectol.
Plus 2 décimes........... 3 —

Total............ 18 francs.

Les cidres, poirés et hydromels payent, quel que soit le département, une taxe principale

de...................... 1 fr »» par hectol.
Plus 2 décimes........... » fr. 20

Total............ 1 fr. 20

La taxe de remplacement perçue à l'entrée de Paris pour les vins en cercles est

de...................... 8 fr. 50 par hectol.
Plus 2 décimes........... 1 fr. 70 —

Total............ 10 fr. 20

La taxe de remplacement perçue à l'entrée de Paris pour les vins en bouteilles est

de...................... 15 fr. »» par hectol.
Plus 2 décimes........... 3 fr. »» —

Total............ 18 fr.

Les esprits et eaux-de-vie en cercles, payent par hectolitre d'alcool pur :

En principal............ 125 fr. l'hectolitre.
Plus 2 décimes........... 25 fr.

Total............ 150 fr.

Il en est de même pour les esprits et eaux-de-vie en bouteilles, les liqueurs et absinthes en cercles et en bouteilles, ainsi que pour les fruits à l'eau-de-vie.

Par l'article 3 de cette même loi du 1er septembre 1871, les vins supérieurs à 15° sont passibles du double droit, pour la quantité d'alcool comprise entre 15 et 21 degrés. Au-dessus de 21 degrés, les vins sont imposés comme alcool pur, proportionnellement à la quantité d'alcool contenu dans le vin.

Enfin par l'article 6, les licences sont taxées d'après un tarif nouveau (voir l'article 6 de la loi du 1er septembre 1871, chapitre 9, page 213).

Cette loi du 1er septembre 1871, a été modifiée et additionnée d'un demi-décime comme on le verra ci-après.

LOI DU 28 FÉVRIER 1872. — Cette loi a été spécialement rédigée en vue de réprimer la fraude. Elle frappe de confiscation et d'une amende de 500 à 5000 francs, la non observation de certaines dispositions concernant le transport des boissons.

Par l'article 3, les négociants ne peuvent transvaser et couper leurs boissons, que lorsque celles-ci auront été vérifiées par le service de la régie.

LOI DU 26 MARS 1872. — Par cette loi, les liqueurs, fruits à l'eau-de-vie et eaux-de-vie en bouteilles sont taxées proportionnellement à leur richesse alcoolique.

En principal à............ 175 fr. par hectolit.
Plus 2 décimes............ 35 fr. —

Total........ 210 fr.

L'absinthe en cercles ou en bouteilles est considérée comme alcool pur et paye :

En principal............ 175 fr. par hectol.
Plus 2 décimes............ 35 fr. —

Total........ 210 fr.

Par cette même loi, le droit d'entrée par hectolitre d'alcool pur est fixé en principal ainsi qu'il suit :

Communes de
4,000 âmes à 6,000   6 fr. par h. avec décimes 7 fr. 20
6,000 — à 10,000   9   —   10   80
10,000 — à 15,000 12   —   14   40
15,000 — à 20,000 15   —   18   »»
20,000 — à 30,000 18   —   21   60
30,000 — à 50,000 21   —   25   20
50,000 et au-dessus 24   —   28   80

Egalement par la loi du 26 mars 1872, le droit de remplacement aux entrées de Paris, par hectolitre d'alcool pur, est fixé :

En principal.................149 fr. par hectol.
Plus 2 décimes............ 29 fr. 80
Total,............. 178 fr. 80

Le droit de remplacement aux entrées de Paris, par hectolitre d'alcool pur contenu dans les liqueurs, fruits à l'eau-de-vie et eaux-de-vie en bouteilles est fixé :

En principal................. 199 fr.
Plus 2 décimes............. 39 fr. 80
Total.............. 238 fr. 80

Le droit de remplacement aux entrées de Paris par hectolitre d'absinthe, qui continue d'être considéré comme alcool pur est fixé :

En principal à................ 199 fr. »»
Plus 2 décimes.............. 39   80
Total...................... 238 fr. 80

Par l'article 4 de la loi du 26 mars 1872, l'essence d'absinthe est considérée comme substance médicamenteuse, et ne peut être vendue que par les pharmaciens.

Tous les chiffres des taxes précédentes subsistent

actuellement, principal et double décime; seulement comme nous le verrons plus loin, par la loi du 31 décembre 1873, on a frappé le principal d'un demi décime en plus.

Par ce qui précède, le lecteur est suffisamment édifié sur les taxes de remplacement dans Paris, mais afin de ne laisser aucune incertitude, au sujet de l'application des droits en province, nous, donnerons ci-après quelques exemples.

Ainsi à Amiens, ville dont la population dépasse 50,000 âmes, un hectolitre d'alcool pur doit payer d'après la loi du 26 mars 1872.

En principal...................... 125 fr. »»
Plus 2 décimes.................... 25   »»
Droit d'entrée, décimes compris.. 28   80

Total...................... 178 fr. 80

A Pontoise, ville de 6,287 âmes un hectolitre d'alcool pur doit payer d'après cette même loi :

En principal...................... 125 fr. »»
Plus 2 décimes.................... 25   »»
Droit d'entrée, décimes compris.. 10   80

Total...................... 160 fr. 80

Plus aujourd'hui dans les deux cas, le demi-décime, sur le principal, comme il résulte de la loi du 31 décembre 1873. Ainsi que les droits d'octroi, selon que la ville est imposée.

Poursuivons nos exemples :

A Amiens, ville de plus de 50,000 âmes, un hectolitre d'absinthe ou d'alcool pur contenu dans des liqueurs, fruits à l'eau-de-vie, eaux-de-vie en bouteilles doit payer, toujours d'après la même loi :

En principal.................... 175 fr. »»
Plus 2 décimes.................. 35 »»
Droit d'entrée, décimes compris.. 28 80
                                 ____
Total...................... 238 fr. 80

Plus aujourd'hui, le demi-décime de la loi du 31 décembre 1873.

A Pontoise, ville de 6,287 âmes, le même compte s'établit ainsi qu'il suit :

En principal.................... 175 fr. »»
Plus 2 décimes.................. 35 »»
Droit d'entrée, décimes compris.. 10 80
                                 ____
Total...................... 220 fr. 80

Plus aujourd'hui le demi-décime, de la loi du 31 décembre 1873.

LOI DU 2 AOUT 1872. — Cette loi n'a aucun rapport avec les taxes : elle place seulement les bouilleurs de cru, dans les mêmes conditions de surveillance que les distillateurs de profession, seulement ils ne sont pas assujettis à la licence et ont droit à la franchise de quarante litres d'alcool.

Cette dernière disposition a été modifiée, comme nous le verrons ci-après, par la loi du 4 mars 1874.

L'article 3, de la loi du 2 août, affranchit des doubles droits les vins ayant *naturellement* une force alcoolique oscillant entre 15 et 18 degrés; il suffit, pour obtenir l'exemption, d'une déclaration au départ de chez le récoltant et d'une mention sur l'acquit.

Par cette même loi, les alcools soumis à la dénaturation, sont grevés d'une taxe spéciale de trente francs par hectolitre d'alcool pur.

Enfin la loi du 2 août 1872, en vue d'indiquer les

substances avec lesquelles les alcools sont fabriqués, inaugure les acquits blancs, rouges et bleus.

Décret du 26 septembre 1872. — Par ce décret, il est accordé annuellement aux négociants une déduction de 7 pour cent, pour ouillage, coulage, soutirage, affaiblissement de degré et déchets sur les alcools et liqueurs en cercles et en bouteilles.

Loi du 21 juin 1873. — Si nous en exceptons l'article 17, cette loi n'apporte aucun changement aux taxes existantes, elle n'a en vue que certains principes de réglementation : Tels que l'âge auquel les agents de l'administration ont le droit de verbaliser; la création de nouveaux agents verbalisants ; l'application de nouvelles pénalités à de certaines contraventions; une tolérance de un pour cent, soit sur le degré, soit sur la contenance, accordée aux expéditeurs; une répression plus énergique, sur quelques fraudes énumérées dans les articles 9, 10, 11, 12, 13, 14 et 15, de la présente loi.

Enfin par l'article 17, le droit de circulation fixé à 15 francs par hectolitre en principal, et à 18 francs, décimes compris, pour les vins en bouteilles, est applicable à toute expédition quelle qu'en soit la quantité. Avant cette disposition, *au-dessous de 25 litres*, le vin ne supportait qu'un simple droit de détail, à l'enlèvement; de plus, par l'article 17, la bouteille qui ne contient en réalité que 65 centilitres, est dans tous les cas, considérée comme litre.

Loi du 31 décembre 1873. — Le 1er titre, article 2 de cette loi, ajoute aux impôts soumis aux décimes, un demi-décime, c'est-à-dire 5 pour cent du principal.

L'article 1er du titre 2, élève le coût des acquits-à-caution et passavants à 50 centimes, y compris le timbre.

L'article promulgue en outre le tarif ci-après :

POPULATION agglomérée DES COMMUNES.	Droit en principal par hectolitre de vin eu cercles et en bouteilles dans les départements.				DROIT en principal par hectolitre de cidre, poiré et hydromel.
	1re classe.	2e classe.	3e classe.	4e classe.	
De 4,000 à 6,000 âmes.	» 45	» 60	» 75	» 90	» 40
6,001 à 10,000 —	» 70	» 90	1 15	1 35	» 60
10,001 à 15,000 —	» 90	1 20	1 50	1 80	» 75
15,001 à 20,000 —	1 15	1 50	1 90	2 25	1 »
20,001 à 30,000 —	1 35	1 80	2 25	2 70	1 15
30,001 à 50,000 —	1 60	2 10	2 65	3 15	1 35
50.001 et au-dessus.	1 80	2 40	3 »	3 60	1 50

La taxe de remplacement pour Paris est élevée à 9 francs 50 pour les vins en cercles, à 16 fr. pour les vins en bouteilles, et à 4 fr. 75 pour les cidres.

Nous ne commenterons point ces différentes dispositions, nous nous contenterons de donner des exemples de taxes applicables à toutes les boissons pour les départements et pour Paris, dans la croyance de faciliter aux intéressés le maniement des chiffres, et les moyens de se rendre compte par eux-mêmes des sommes qu'ils ont actuellement à payer à la Régie.

DÉPARTEMENTS.

Vins. — Droits de circulation.

Dans toute localité, quel que soit le chiffre de la population, un hectolitre de vin en cercle ou en bou-

teilles, ces dernières, considérées comme litre et quelqu'en soit le nombre, paiera suivant la classe, les
droits de circulation ci-après :

1re classe. Droits de circulation............ 1 fr. 20
              Plus deux décimes................ » 24
              Plus un demi-décime............. » 6
                                   1 fr. 50

2e classe. Droits de circulation...... 1 fr. 60
              Plus deux décimes.......... » 32
              Plus un demi-décime....... » 8
                                   2 fr. »

3e classe. Droits de circulation.... . 2 fr. »
              Plus deux décimes............ » 40
              Plus un demi-décime....... » 10
                                   2 fr. 50

4e classe. Droits de circulation........ 2 fr. 40
              Plus deux décimes.......... » 48
              Plus un demi-décime........ » 12
                                   3 fr. »

Sans préjudice des droits d'octroi que les localités
ont pu s'imposer.

A Amiens (Somme), ville de plus de 50,000 âmes,
département appartenant à la 4e classe, un hectolitre
de vin en cercle ou en bouteilles, ces dernières considérées comme litres, et quel qu'en soit le nombre paiera :

Droit de circulation , décimes
     compris..................... 3 fr. »
Droit d'entrée................... 3 60
Plus 2 décimes.................. » 72
Plus un demi-décime............. » 18
                 Total........ 7 fr. 50

Sans préjudice des droits d'octroi que la ville a pu s'imposer.

A Pontoise (Seine-et-Oise), ville de 6,287 âmes, département appartenant à la 3ᵉ classe, un hectolitre de vin en cercle ou en bouteilles, ces dernières considérées comme litres, et quel qu'en soit le nombre paiera :

Droit de circulation, décimes compris.............................	2 fr.	50
Droit d'entrée.......................	1	15
Plus 2 décimes....................	«	23
Plus un demi-décime..........	«	5 75
Total......	3 fr.	93 75

ALCOOLS. — A Amiens (Somme), ville dont la population dépasse 50,000 âmes, un hectolitre d'alcool pur doit payer d'après la loi du 26 mars 1872 et la loi du 31 décembre 1873 :

En principal........................	125 fr.	»
Plus 2 décimes....................	25	»
Plus un demi-décime............	6	25
Plus droit d'entrée............	24	»
Plus deux décimes sur 24 fr......	4	80
Plus un demi-décime sur 24 fr...	1	20
Total.......	186 fr.	25

Sans préjudice des droits d'octroi que la ville a pu s'imposer.

A Pontoise (Seine-et-Oise), ville de 6,287 âmes, un hectolitre d'alcool pur doit payer d'après la loi du 26 mars 1872 et la loi du 31 décembre 1873 :

En principal............	125 fr.	»
Plus 2 décimes....................	25	»
Plus un demi-décime	6	25
A reporter........	156 fr.	25

Report................	156 fr. 25
Plus droit d'entrée..............	9 »
Plus 2 décimes sur 9 fr.........	1 80
Plus un demi-décime sur 9 fr...	» 45
Total....	**167 fr. 50**

Sans préjudice des droits d'octroi que la ville a pu s'imposer.

A Amiens (Somme), ville de plus de 50,000 âmes, un hectolitre d'absinthe ou d'alcool pur contenu dans des liqueurs, fruits à l'eau-de-vie, eaux-de-vie en bouteilles doit payer d'après la loi du 26 mars 1872 et la loi du 31 décembre 1873.

En principal.................	175 fr. »
Plus 2 décimes.............	35 »
Plus un demi-décime.........	8 75
Plus droit d'entrée...........	24 »
Plus 2 décimes sur 24 fr........	4 80
Plus un demi-décime sur 24 fr...	1 20
Total....	**248 fr. 75**

Sans préjudice des droits d'octroi que la ville a pu s'imposer.

A Pontoise (Seine-et-Oise), ville de 6,387 âmes un hectolitre d'absinthe ou d'alcool pur, contenu dans les liqueurs, fruits à l'eau-de-vie, eaux-de-vie en bouteilles doit payer d'après la loi du 26 mars 1872 et la loi du 31 décembre 1873.

En principal.................	175 fr. »
Plus 2 décimes.............	35 »
Plus un demi-décime.........	8 75
Plus droit d'entrée...........	9 »
Plus 2 décimes sur 9 fr.........	1 80
Plus un demi-décime sur 9 fr...	» 45
Total....	**230 fr. 00**

Sans préjudice des droits d'octroi que la ville a pu s'imposer.

Cidres, poirés, hydromels. — Nous laisserons à nos lecteurs le soin de faire le décompte, d'après la loi du 31 décembre, 1873 de la taxe des cidres. Il nous suffira de dire ici qu'un hectolitre de cidre paye à Amiens 3 fr. 37 centimes 5 de droits ; et à Pontoise 2 francs 05 cent. Toujours sans préjudice des droits d'octroi que les villes ont pu s'imposer.

PARIS.

Vins. — A Paris, la taxe de remplacement par hectolitre de vin, d'après la loi du 31 décembre 1873 est de :

En principal...................	9 fr.	50
Plus 2 décimes.................	1	90
Plus un demi-décime............	»	47 5
Total...	11 fr.	87 5
Plus pour l'octroi.............	10 fr.	
Plus décimes...................	1	»
Total...	22 fr.	87 5

A Paris, la taxe de remplacement par hectolitre de vin en bouteilles, d'après la loi du 31 décembre 1873 est de :

En principal	16 fr.	»»
Plus 2 décimes...........	3	20
Plus un demi-décime.....	»	80
Total........	20	»»
Plus pour l'octroi........	17	»»
Plus décimes.............	3	40
Total général..	40 fr.	40

Alcools. — A Paris, la taxe de remplacement par

hectolitre d'alcool pur contenu dans les esprits et eaux-de-vie en cercles est fixé :

En principal à..............	149 fr.	»»
Plus 2 décimes.............	29	80
Plus un demi-décime......	7	45
Total........	186 fr.	25
Plus pour l'octroi...........	79	80
Total général..	266 fr.	05

A Paris, la taxe de remplacement par hectolitre d'absinthe ou d'alcool pur contenu dans les liqueurs, fruits à l'eau-de-vie, eaux-de-vie en bouteilles, est fixé :

En principal à...............	199 fr.	»»
Plus 2 décimes.............	39	80
Plus un demi-décime......	9	95
Total........	248 fr.	75
Plus pour l'octroi...........	79	80
Total général..	328 fr.	55

Dans la banlieue de Paris, c'est-à-dire dans les deux arrondissements de St-Denis et de Sceaux, la loi du 30 décembre 1873, applique jusqu'au 31 décembre 1876, un droit de banlieue de 66 francs 50 c. sans décimes, par hectolitre d'alcool pur contenu dans les eaux-de-vie, et par hectolitre d'absinthe considérée comme alcool pur.

Ainsi, hors Paris, dans tout le département de la Seine, l'hectolitre d'alcool pur ou d'absinthe en volume doit payer.

En principal	125 fr.	»
Plus deux décimes........	25	»
Plus un demi-décime.......	6	25
Plus droit de banlieue......	66	50
Total............	222 fr.	75

Sans préjudice des droits d'octroi que chaque localité a pu s'imposer.

CIDRES. — A Paris, la taxe de remplacement d'après la loi du 31 décembre 1873 est par hectolitre de cidre en cercle ou en bouteilles de :

En principal..................	4 fr. 75
Plus 2 décimes	» 95
Plus un demi-décime.....	» 23 7

5 fr. 93 7 soit 5 f. 95.

LOI DU 4 MARS 1874. — Par cette loi, la quantité de 40 litres d'alcool accordée en franchise aux bouilleurs de cru est réduite à 20 litres ; seulement un réglement administratif ne rend la loi exécutoire qu'à l'époque de la prochaine campagne 1874-1875.

De plus par cette même loi, les alcools dénaturés soumis à la taxe de 30 francs, d'après la loi du 2 août 1872, deviennent passibles des doubles décimes et demi-décime, soit alors :

En principal	30 fr. »»
Plus 2 décimes.............	6 »»
Plus un demi-décime.....	1 50

Total...... 37 fr. 50

CHAPITRE XI

Des rapports du Producteur et du Négociant en vins avec la Régie.

Rapport des propriétaires récoltants avec la Régie. — Les propriétaires récoltants n'ont aucun rapport avec la Régie, tant que leur vin ne sort pas de leurs chais et celliers; hormis seulement dans le cas où le cellier se trouve situé dans une localité soumise aux droits d'octroi; alors le propriétaire récoltant est dans l'obligation de déclarer la quantité de vin récolté, sans qu'il soit obligé à la licence, ni soumis au recensement.

Il en était de même pour les bouilleurs de crû, avant les lois du 2 août 1872, et 4 mars 1874. Quoiqu'exempts de la licence, les bouilleurs de crû sont aujourd'hui soumis aux visites et aux vérifications de la Régie.

Aussitôt que le vin du propriétaire récoltant sort du chai, pénètre sur la voie publique, aussitôt ce vin doit être accompagné d'une expédition de la Régie.

Ces expéditions sont désignées sous les noms de Passavant, Acquit-à-caution, Congé.

Du droit de circulation et de la taxe des expéditions. — Les vins, toutes les fois qu'on veut les déplacer, c'est à dire les transporter d'un lieu à un autre, sont assujettis aux droits de circulation, qui consistent en une taxe et une formalité.

La TAXE, aujourd'hui, s'établit ainsi qu'il suit : (Loi du 31 décembre 1873).

POPULATION agglomérée DES COMMUNES	Droit en principal par hectolitre de vins en cercles et en bouteilles dans les départements.			
	1re classe.	2e classe.	3e classe.	4e classe.
De 4,000 à 6,000 âmes.	» 45	» 60	» 75	» 90
6,000 à 10,000 —	» 70	» 90	1 15	1 35
10,000 à 15,000 —	» 90	1 20	1 50	1 80
15,000 à 20,000 —	1 15	1 50	1 90	2 25
20,000 à 30,000 —	1 35	1 80	2 25	2 70
30,000 à 50,000 —	1 60	2 10	2 65	3 15
50,000 et au-dessus.	1 80	2 40	3 »	3 60

Comme on le voit, cette taxe varie selon les classes. Celles-ci comprennent les départements, selon la division ci-après :

1re Classe.

Alpes (Basses).
Ariège,
Aube.
Aude.
Aveyron.
Bouches-du-Rhône.
Charente.
Charente-Inférieure.
Dordogne.
Gard.
Garonne (Haute).
Gers.
Gironde.
Hérault.
Landes.
Lot.
Lot-et-Garonne.
Pyrénées (Basses).
Pyrénées (Hautes).
Pyrénées Orientales.
Tarn.
Tarn-et-Garonne.
Var.
Vaucluse.

2e Classe.

Ain.
Allier.
Alpes (Hautes).
Alpes-Maritimes.
Ardèche.
Cher.
Côte-d'Or.
Drôme.
Indre.
Indre-et-Loire.
Isère.
Loir-et-Cher,
Loire-Inférieure.
Loiret.
Maine-et-Loire.
Marne.
Marne (Haute).
Meurthe,
Meuse.
Nièvre.
Puy-de-Dôme.
Sèvres (Deux).
Vendée.
Vienne.
Yonne.

3° Classé,	Morbihan.	**4° Classe.**
Aisne.	Oise.	Ardennes.
Belfort (territoire de)	Rhône.	Calvados.
Cantal.	Saône (Haute).	Côtes-du-Nord.
Corrèze.	Saône-et-Loire.	Finistère.
Creuse.	Sarthe.	Ille-et-Vilaine.
Doubs.	Savoie.	Manche.
Eure.	Savoie (Haute).	Mayenne.
Eure-et-Loire.	Seine.	Nord.
Jura.	Seine-et-Marne.	Orne.
Loire.	Seine-et-Oise.	Pas-de-Calais.
Loire (Haute).	Vienne (Haute).	Seine-Inférieure.
Lozère.	Vosges.	Somme.

Ainsi donc, une pièce de vin de Bordeaux d'une contenance de deux hectolitres vingt-huit litres à destination d'Etampes (Seine-et-Oise), ville de 8,071 habitants devra payer :

Droit de circulation par hectolitre.	2 fr.	»
Plus deux décimes....................	»	40
Plus un demi-décime.................	»	10
Droit d'entrée	1	15
Plus 2 décimes..........................	»	23
Plus un demi-décime 5 cent. 7 soit.	»	6
Total...........................	3 fr.	94

par hectolitre, soit pour la pièce de 228 litres 9 francs 98 centimes 32, ou en chiffre ronds 10 francs.

Telle est la taxe à payer, non compris les droits d'octroi de ville. Voyons, maintenant, quelle est la formalité :

La FORMALITÉ consiste dans l'obligation imposée à l'expéditeur de faire à la régie une déclaration d'enlèvement et de transport et de munir le voiturier chargé du charroi, d'un permis de circulation qui prend le nom de passavant, d'acquit-à-caution, de congé, etc..., suivant la destination qu'on donne au vin enlevé.

Le *passavant* est une expédition que l'on délivre au propriétaire, qui expédie son vin de sa cave, à sa cave, pourvu qu'elles soient situées l'une et l'autre dans le canton où la récolte a été faite, ou dans les communes limitrophes de ce canton. (Loi du 25 juin 1841).

Pour obtenir un passavant, le propriétaire adresse au bureau de la Régie une demande ainsi conçue :

Je soussigné, X, propriétaire, demeurant à B, déclare vouloir faire enlever ce jour... à... heure... de mon chai situé, — *énoncer en toutes lettres la quantité de fûts et la contenance totale* — dix fûts pleins contenant ensemble vingt-deux hectolitres quatre-vingts litres de vin rouge, récolte de 1873 et les faire transporter dans mon chai principal. — Date et signature.

L'acquit-à-caution accompagne les boissons, qui sont expédiées aux marchands en gros ou en détail, et qui sont, par conséquent destinées à être revendues, à être mises de nouveau en circulation. Il a pour effet de les affranchir du droit de circulation jusqu'au moment où elles arrivent dans la main du consommateur.

Les demandes ou déclarations doivent être rédigées d'une manière claire et précise, surtout depuis la loi du 28 février 1872 et la publication des articles 6 et 7 de la loi du 21 juin 1873.

Ces déclarations doivent contenir le nom et le domicile de l'expéditeur, la nature, la qualité du vin, le nombre et la capacité des fûts, l'heure et le jour de l'enlèvement, le nom, la profession et le domicile du destinataire, le nom du conducteur, le mode de transport, l'itinéraire à parcourir, et la distance divisée par les différentes voies qui devront être employées.

Le *congé* est nécessaire quand l'expédition est faite à la personne qui doit consommer le vin. Il emporte avec lui l'obligation de payer le montant du droit de circulation.

On doit, comme pour l'acquit-à-caution, spécifier exactement les quantités, la commune, l'arrondissement, le département, etc... attendu que les droits de circulation, comme nous l'avons dit ci-dessus, ne sont pas uniformes pour toute la France.

Il est un quatrième permis de circulation tout-à-fait particulier et qu'on appelle *passe-debout*. La Régie le délivre aux conducteurs de boissons qui traversent une ville sujette aux droits d'entrée, et qui ne s'y arrêtent pas plus de vingt-quatre heures. Quand le séjour doit être plus long, il faut mettre les boissons en *transit*.

Le *transit* est un délai qu'on accorde à la marchandise pour se rendre à destination. Dûment constaté, le délai de transport s'augmente du temps que la marchandise est restée en transit.

Le droit de circulation, considéré dans son ensemble, permet à l'administration de suivre dans tous leurs mouvements les boissons déplacées. Il lui permet de connaître le lieu, l'heure de l'enlèvement, la destination, le chemin suivi, le mode de transport. Ce régime, dira-t-on, est gênant et plein d'entraves, mais il arme l'administrateur de moyens d'une efficacité sans pareille, pour surveiller les entreprises de la fraude et pour les déjouer.

RAPPORTS DES MARCHANDS DE VINS EN GROS AVEC LA RÉGIE. — Nul ne peut exercer la profession de marchand de vins en gros, qu'après en avoir fait la déclaration et avoir payé une licence (1).

(1) Depuis le 6 octobre 1871, les droits de licence sont perçus d'après le tarif suivant, sur les assujettis qui y sont dénommés :

Débitants de boissons : dans les localités au dessous de quatre mille âmes, deux francs ; dans celles de quatre à six mille âmes,

Chaque marchand en gros doit présenter avec lui une caution solvable, qui s'engage à payer solidairement, les droits de circulation et d'octroi, dont le négociant ne pourrait justifier la sortie, ou les manquants passibles de droits. La déclaration doit également désigner le local destiné à servir de chai ou d'entrepôt.

Ce local ne peut avoir de sorties que sur les voies publiques. Si le déclarant est en même temps propriétaire de vignobles, ses récoltes sont prises en charge, dans le cas où elles seraient logées dans ce même entrepôt.

Tous les ans, le marchand en gros est tenu de représenter sa caution.

Le marchand en gros reçoit ses vins, alcools, etc., par acquits à caution, et il les expédie aussi par acquits, si les boissons vont à l'étranger, à Paris, ou chez un autre marchand détaillant, ou par congé, si le vin, l'alcool ou la liqueur sont adressés directement à un consommateur.

La marchandise reçue par le marchand en gros, ne pourra être tranvasée, mélangée ou coupée hors la présence des employés, que lorsque les boissons reçues avec acquit-à-caution, auront été vérifiées par le service de la Régie et reconnues entièrement conformes à l'expédition ; à moins que les employés laissent passer le délai de la reconnaissance, qui est de soixante-douze heures dans les localités, où il n'y a

seize francs ; dans celles de six à dix mille âmes, vingt francs ; dans celles de dix mille à quinze mille âmes, vingt-quatre francs ; dans celles de quinze à vingt mille âmes, vingt-huit francs ; dans celles de vingt mille à trente mille âmes, trente-deux francs ; dans celles de trente mille à cinquante mille âmes, trente-six francs ; dans celles de cinquante mille âmes et au-dessus (Paris excepté), quarante francs.

pas de poste d'employés, et de vingt-quatre heures là
où les agents sont en résidence.

Les marchandises expédiées par les marchands en
gros, à d'autres marchands en gros, dans les villes
sujettes au droit d'entrée et à la taxe unique devront
être déclarées, au moins deux heures avant l'heure
indiquée pour l'enlèvement.

Pour la circulation des vins en bouteilles, dont la
quantité n'excédait pas vingt-cinq litres, on percevait
avant le 21 juin 1873 le droit de détail à l'enlèvement.
Au-dessus de vingt-cinq litres, on percevait le droit
ordinaire de circulation. Aujourd'hui la loi est modifiée, le droit de circulation est appliqué à toute quantité quelconque, quel que soit le régime de perception. La limite de vingt-cinq litres n'existe donc plus
pour les vins en bouteilles.

La loi accorde à tout marchand en gros, 6 à 8 pour
cent par an sur les vins, et cela selon les départements, afin de les couvrir des pertes résultant de la
manipulation des liquides en magasin. Les manquants,
qui excèdent l'allocation, payent les droits de consommation, d'entrée, etc., etc. Ces droits se payent
de suite, s'ils dépassent l'allocation d'une année entière, et à la fin de l'année seulement, quand ils
n'atteignent pas la somme des manquants alloués
pour un an.

En cas de coulages accidentels, d'incendie et autres
accidents imprévus, le marchand en gros doit prévenir immédiatement l'administration de la Régie, qui
fait constater le sinistre, en instruit la direction,
et en opère la décharge, s'il y a lieu.

Si au lieu de manquants, dans les constatations

journalières des employés, ceux-ci trouvaient un excédant, il serait alors dressé procès-verbal et l'excédant serait porté en charge, comme liquide nouvellement introduit.

Voici du reste le texte de la loi :

Une tolérance de un pour cent, soit sur la contenance, soit sur le degré est accordée aux expéditeurs sur leur déclaration d'alcools, spiritueux, vins, cidres. et hydromels ; mais les quantités reconnues en excédant seront prises en charge au compte du destinataire.

Le livre de régie dont nous donnons ci-après un modèle, doit être tenu avec une grande exactitude. Voici à ce sujet quelques renseignements qui ont leur importance, nous les empruntons à un travail spécial sur la matière.

« Le compte des consommations accordées par la loi se règle toutes les dizaines. A cet effet, on additionne le produit d'entrée ou de sortie du vin, de l'alcool et des liqueurs de chaque dizaine ; on soustrait les sorties de la dizaine et ce qui reste en chai est multiplié par l'allocation accordée par la loi et divisé par 36 (l'année se composant de trente-six dizaines) ; on trouve ainsi l'allocation de dix jours. Exemple : les existences et entrées d'un chai donnent un total de 4,500 hectolitres, il en est sorti pendant la dizaine 65 hectolitres 20 litres, il restera donc en chai 4,434 hectolitres 80 litres, qui, multipliés par l'allocation de 8 pour cent par an, donnent 354 hectolitres 78 litres ; en divisant ce dernier chiffre par 36 on trouve 9 hectolitres 85 litres, pour l'allocation de cette dizaine.

Voici du reste le modèle du livre Régie : entrées et sorties :

EXPÉDITION accompagnant les boissons			VAISSEAUX				VINS		SPIRITUEUX				LIQUEURS		EXPÉDITEURS ou DESTINATAIRES
Dates	Genres	Numéros Bureau	Fûts	Caisses ou paniers	Bouteilles	Contenance	QUANTITÉ hect. lit.	Produit des dizaines	VOLUME hect. lit.	Degré	Alcool pur hect. lit.	Produit des dizaines	QUANTITÉ hect. lit.	Produit	

Le compte des spiritueux s'établit sur la quantité d'alcool pur et non sur le volume.

La Régie a le droit de recenser les marchands en gros, depuis le lever jusqu'au coucher du soleil, et cela tous les jours ouvrables.

Enfin le livre de régie indique, en résumé, le total des quantités reconnues par les inventaires et les recensements, les différences donnent le chiffre exact de la consommation depuis l'inventaire précédent, et par suite le total des manquants ordinaires.

Les maisons de commerce qui ont beaucoup d'expéditions à faire font imprimer des demandes dont voici la formule :

Monsieur le Receveur du bureau ——————— est invité à délivrer à M. ———— marchand en gros (ou entrepositaire), les boissons qu'il déclare vouloir expédier de son chai situé à ———— rue ———— n° ———— et dont l'indication suit.

| EXPEDITIONS demandées | DESTINATAIRES | | DESTINATION | VAISSEAUX | | | | QUANTITÉS EXPÉDIÉES | | | | | | |
| | | | | | | | | VINS | | SPIRITUEUX | | | LIQUEURS | |
	Noms	Profession	1 Commune 2 Arrondissement 3 Département	Fûts	Caisses ou Paniers	Bouteilles	Contenance	hect.	lit.	Volume hect. lit.	Degrés	Alcool pur	hect.	lit.
N°	Par voie de Bureau de sortie		1 2 3											
N°	Par voie de Bureau de sortie		1 2 3											

Le soussigné se soumet conjointement et solidairement avec M. ———— sa caution, à toutes les obligations imposées par les lois et règlements pour la délivrance des expéditions.

Le ———— 18 ————   Signé : ————

Aussitôt que des vins ou autres boissons arrivent chez un marchand en gros, il est nécessaire que celui-ci fasse de suite constater par les employés le creux de route, afin qu'ils puissent en faire la déduction. Le négociant devra surtout se rappeler qu'une fois les tonneaux rentrés, la constatation n'a pas lieu, et par suite la déduction.

Les négociants en gros, outre leurs livres de comptabilité ordinaire, doivent avoir aussi par devers eux, quelques registres auxiliaires, dont voici la nomenclature.

Livre de Régie, dont nous avons donné le modèle ci-contre.

Grand-livre d'entrées et sorties qui se subdivise ainsi qu'il suit : entrées et sorties des vins ordinaires en fûts — entrée des vins en bouteilles — entrée des eaux-de-vie de tous genres en fûts — entrée des eaux-de-vie de tous genres en bouteilles — entrée des vins de liqueurs, champagne, vermouth, etc., en fûts ou en bouteilles — entrée des liqueurs en fûts — et entrée des liqueurs en bouteilles.

Livre des opérations et mutations de numéros à raporter sur le grand-livre.

Livre des fournitures générales, détails, réglement hebdomadaire des frais.

Livre des comptes particuliers des ouvriers à la tâche ou à la journée et des fournisseurs.

Journal quotidien des travaux et manipulations.

Livre d'ordre, d'expédition et des travaux qui s'y rattachent.

Livre des comptes courants entre le négociant, le caissier et le maître de chai.

Et enfin le livre des inventaires, servant à établir le bilan de la maison.

Ces neuf livres auxiliaires sont indispensables à tous les grands commerçants, car ils facilitent les recherches et permettent aux négociants de pouvoir exercer un contrôle journalier sur toutes leurs opérations et en même temps sur le mouvement de leurs marchandises.

RAPPORTS DES MARCHANDS LIQUORISTES AVEC LA RÉGIE. — Les liquoristes, soit marchands en gros, soit entrepositaires, ne peuvent fabriquer de liqueurs que dans un local séparé des chais à vin, à alcool ou à liqueurs déjà pris en charge, et le local de fabrication ne doit avoir d'accès que sur la voie publique.

Un compte particulier de la Régie enregistre la quantité des alcools qui entre ou qui sort, ainsi que la quantité des liqueurs fabriquées.

On doit en outre tenir deux comptes distincts : l'un pour les alcools, les infusions alcooliques, les esprits distillés et les préparations en cours de fabrication en cercles, ou en bouteilles ; l'autre pour les liqueurs fabriquées et logées en fûts ou en bouteilles.

Les manquants d'alcool sont convertis en liqueur.

Les comptes se règlent à la fin de chaque année.

Les ateliers sont soumis, quant aux recensements, aux mêmes obligations que les entrepôts.

Le fabricant n'a pas le droit de faire fermenter des matières sucrées en vue d'en retirer de l'alcool par distillation, il ne peut que rectifier les flegmes ou eaux-de-vie faibles qu'il reçoit.

Lorsque le liquoriste veut se livrer à la fabrication de l'absinthe, ou à la rectification des flegmes, il

lui est déduit de 3 à 10 pour cent sur les prises en
charge de l'alcool qu'il reçoit, selon le degré des petites eaux, mais cette déduction n'est pas fixée par la
loi, elle est due à la bienveillance de l'administration.

La loi du 26 mars 1872 ajoute quelques dispositions
nouvelles à celles énoncées ci-dessus.

Elle augmente les taxes : droit de consommation, et
elle ajoute un droit d'entrée proportionnel (voir la loi
page 215).

Elle oblige le fabricant à spécifier ostensiblement
le degré alcoolique des liqueurs sur des étiquettes spéciales, et ce degré alcoolique doit, de plus, être porté
sur les acquits, congés et passavants de la Régie.

Les expéditions en cercles des eaux-de-vie et esprits
en nature ne peuvent plus avoir lieu que dans des
fûts de 25 litres et au-dessus.

Ces expéditions ne peuvent être faites qu'en présence des employés et être déclarées quatre heures
d'avance dans les villes et douze heures dans les campagnes.

En dehors des déductions allouées pour ouillage
et coulage, les liquoristes doivent payer immédiatement les droits spéciaux à l'alcool contenu dans les
liqueurs et fruits à l'eau-de-vie.

Toutes fausses déclarations ou indications relativement à la richesse alcoolique ou autres contraventions
à la présente loi, sont punies d'une amende de 500 à
5,000 francs et de la confiscation des boissons.

Dans le cas d'une première condamnation, l'Administration peut obliger le fabricant à emmagasiner
ses eaux-de-vie et esprits, destinés aux liqueurs
et fruits à l'eau-de-vie, dans des locaux n'ayant au-

cune communication avec les magasins affectés au commerce des eaux-de-vie et esprits en nature.

ALCOOLISATION DES VINS D'EXPORTATION. — La loi du 28 mars 1861 n'a pas été modifiée, en voici le texte :

Art. 1er. Dans tous les départements, les vins en cercles destinés à l'exportation pourront recevoir en franchise de l'impôt, au lieu même d'expédition, telle addition d'alcool que les producteurs ou les commerçants jugeront nécessaire.

Art. 2. Cette concession est subordonnée aux conditions suivantes :

La mixtion ne pourra être faite qu'en présence des agents de la Régie et au moment même où les vins devront être dirigés sur le port d'embarquement ou le point de sortie par terre.

Ces agents reconnaîtront :

1° La richesse alcoolique des vins destinés à recevoir une addition d'alcool ; 2° la quantité d'alcool qui sera effectivement ajoutée au vin.

Après le mélange, ces mêmes agents prélèveront deux échantillons, qui seront scellés du cachet de la Régie et du cachet de l'exportateur.

L'un des échantillons sera remis à l'expéditeur pour être représenté aux employés chargés de constater l'exportation ; le second sera déposé au bureau de la Régie.

Art. 3. Relativement aux vins destinés à être exportés en bouteilles, les versements d'alcool, avec exemption de l'impôt ne pourront être effectués au lieu d'expédition, chez les producteurs ou chez les commerçants, que dans les conditions particulières qui seront déterminées par la Régie des contributions indirectes, eu égard au mode de vinage adopté par les exportateurs.

Art. 4. La franchise sera concédée sous la garantie de l'acquit-à-caution qui énoncera :

1° La quantité d'alcool ajoutée aux vins ;

2° La force alcoolique du vin après l'addition de l'alcool ;

3° La quantité totale de liquide, vin et alcool.

Cet acquit-à-caution stipulera que, à défaut de justification relativement à l'exportation, l'expéditeur se soumet à payer les droits indiqués ci-après :

Cas où la richesse alcoolique ne serait pas supérieure à 21 degrés :

Le sextuple de droit de circulation sur la quantité totale du liquide ;

Le double droit de consommation sur la quantité d'alcool ajoutée aux vins ;

Cas où après l'addition d'alcool, les vins auraient une force alcoolique de plus de 4° :

Le double droit de consommation sur la quantité totale de liquide considérée comme alcool pur.

Art. 5. Le présent arrêté sera déposé au secrétariat général, pour être donné à qui de droit.

Des contraventions à la loi. — Sont passibles de procès-verbaux, ceux qui se rendent coupables des délits suivants :

Circulation.

Boissons circulant sans expédition ou avec une expédition inapplicable.

Le refus de présenter les expéditions.

Entrées.

Défaut de déclaration, ou fausse déclaration des

boissons introduites dans un lieu sujet au droit d'entrée.

Introduction de boissons, sans déclaration aux entrées de Paris et Lyon.

Introduction ou tentatives d'introduction de boissons sous vêtements ou à l'aide d'ustensiles préparés.

Débitants de boissons.

Vente en détail sans déclaration.

Ouverture d'un débit à consommer sur place sans autorisation.

Recel de boissons chez un tiers.

Défaut de représenter les expéditions pour les boissons introduites.

Défaut de représenter les quittances d'entrée.

Refus de souffrir les visites et exercices.

Marchands en gros.

Vente en gros de boissons sans déclaration.

Fausse déclaration des quantités de boissons en la possession du négociant.

Vente en détail de boissons par un marchand en gros.

Recel, chez un tiers, de boissons appartenant à un marchand en gros.

Introduction frauduleuse de boissons dans les magasins d'un marchand en gros.

Mélange, coupage ou transvasion des boissons, avant leur vérification par les employés.

Défaut de représentation des bulletins de transport.

Défaut d'indication ou fausse indication, dans les magasins des marchands en gros, du degré alcoolique, des liqueurs, des fruits à l'eau-de-vie et des eaux-de-vie en bouteilles.

Opposition aux exercices des employés.

Liquoristes.

Etablissement sans déclaration.

Fabrication de liqueur sans déclaration.

Envoi de liqueurs sans expédition.

Introduction frauduleuse de spiritueux chez un fabricant de liqueurs.

Opposition aux visites et exercices chez les fabricants de liqueurs.

Fausse déclaration ou indication relativement à la richesse alcoolique.

Distillateurs et bouilleurs de profession.

Défaut de déclaration de profession, avant de commencer la fabrication.

Mise de feu sous la chaudière, sans déclaration ou fausse déclaration de mise de feu.

Prolongation du travail au-delà de la quantité de jours indiqués.

Mise en distillation d'une plus grande quantité de matière que celle déclarée.

Introduction frauduleuse de boissons ou de toutes autres matières premières propres à la fabrication et soumises à la déclaration, chez les distillateurs et bouilleurs de profession.

Recel, chez un tiers, de boissons appartenant aux distillateurs et bouilleurs de profession.

Oppositions aux visites et exercices des employés.

Bouilleurs de crû.

Défaut de déclaration des appareils propres à la distillation.

Fausse déclaration du nombre et de la capacité des appareils.

Défaut de déclaration des quantités, espèces et qualités de boissons en leur possession lors de la première fabrication.

Recel, chez un tiers, de boissons appartenant à un bouilleur de crû.

Mise de feu sous la chaudière sans déclaration.

Fausse déclaration de mise de feu.

Opposition aux visites et exercices des employés.

Alcools dénaturés.

Circulation sans expédition ou avec une expédition inapplicable.

Des agents verbalisants.

Peuvent verbaliser : les agents de la Régie, les préposés des octrois, les préposés des douanes, le service des finances, la gendarmerie, les agents des ponts et chaussées, les éclusiers, cantonniers et gardes de la navigation, les agents-voyers et les gardes champêtres.

CHAPITRE XII

Les Mesures vinicoles.

Malgré l'application officielle et obligatoire du système métrique en France, on fait encore usage des vieilles dénominations dans la plupart de nos vignobles. Là, c'est la queue ou la demi-queue, ici c'est le muid ou bien la pièce, le poinçon, la pipe ou la feuillette. La routine n'est pas encore vaincue, il faut au moins, que la génération actuelle disparaisse, pour faire oublier à celle qui lui succédera, ces mesures arbitraires variant de province à province, de département à département, et souvent même de canton à canton.

Pour faciliter à nos lecteurs la compréhension de ces anciens termes, nous donnons ci-après leur conversion en litres.

FRANCE

Anée. — Dans l'Isère, l'anée vaut 76 litres; dans le Rhône, 93 litres; dans la Bresse, 300 litres, et dans le Mâconnais, 300 litres.

Baral. — A Gap, dans le département des Hautes-Alpes, le baral contient 32 à 34 litres; il est de 57 litres 50 centilitres sur la côte de Tavel; de 45 litres 50 centilitres à St-Gilles et dans les autres vignobles du Gard; de 50 litres dans l'Isère. Dans le département de Vaucluse, il est de 49 litres; à Carpentras et à Orange, il ne contient que 26 litres 50 centilitres.

Bareille. — On appelle ainsi dans le Rhône un

fût de 228 litres. Cette mesure est donc dans ce département de la même contenance que la barrique
bordelaise.

Barillo. — Mesure spéciale à l'Ile de Corse, et de
la contenance de 150 litres.

Barrique. — Ce nom s'applique à une grande
quantité de vaisseaux vinaires qui devraient avoir
une contenance pareille, et qui, cependant, varient
suivant les localités. Voici les titres de capacité de
la barrique tels qu'ils existent conventionnellement :

Dans les départements de la Dordogne, du Gers,
de la Gironde, d'Ille-et-Vilaine, du Lot, de Lot-et-
Garonne, de la Loire-Inférieure, du Morbihan, de
Tarn-et-Garonne, de la Vendée et dans la plupart
des vignobles du Var, la barrique est de 228 litres.

Dans les Deux-Sèvres, la barrique est de 289 à
305 litres ; dans la Vienne, de 252 litres ; dans la
Charente-Inférieure, de 215 à 225 litres ; dans la
Charente, 205 litres ; dans l'Isère, de 210 à 230 litres ;
dans le Drôme, de 210 litres ; dans les Landes, de
304 litres ; dans l'Ardèche, de 206 à 214 litres ; dans
les Bouches-du-Rhône, de 214 à 220 litres ; dans
l'Hérault, de 203 à 215 litres ; dans les Basses-Pyrénées, de 270 litres ; dans les Hautes-Pyrénées, de
80 litres ; dans le Tarn, de 205 à 215 litres, et dans
le Tarn-et-Garonne, de 218 litres.

Boute. — Mesure faite de Millerolle (voir ce nom)
lesquelles varient de 60 à 70 litres de capacité ; le
plus ordinairement le boute se compte par 520
litres.

Botte. — Mesure se composant de deux pièces, de
la contenance de 212 litres chacune, soit 424 litres,
en usage dans le département de Saône-et-Loire

pour les vins du Mâconnais et dans le département
du Rhône pour les vins du Beaujolais.

Busse. — La busse de la Mayenne est de 233 litres ;
celle de Maine-et-Loire, de 230 litres ; celle de Saumur, de 232 litres ; celle de la Sarthe, de 240 à 250
litres ; celle de l'Anjou, 251 litres.

Caque. — La caque qu'on désigne également sous
le nom de tierçon en Champagne, contient 91 litres.

Carreau. — Le carreau est une mesure particulièrement en usage dans le Nord, elle contient 4 litres 38 centilitres.

Charge ou Hotte. — La charge de la Meuse est de
40 litres, celle de la Meurthe, de 39 à 40 litres et celle
de Toul de 40 litres. Dans les Hautes-Alpes, la charge
est de 88 à 120 litres ; dans l'Ardèche, de 150 à 167
litres ; dans l'Isère, de 100 litres ; à Narbonne, elle n'a
que 94 litres ; à Limoux, 100 litres ; à Grasse, 134
litres ; à Castelnaudary, 138 litres ; à Carcassonne,
143 litres, et 118 litres seulement dans les Pyrénées-
Orientales.

Chaudron. — Dans le département de la Meuse,
le chaudron, mesure locale, contient 10 litres.

Comporte. — A Tarbes, cette mesure contient 52
litres 80 centilitres et dans les autres vignobles du
département des Hautes-Pyrénées, elle varie depuis
43 jusqu'à 60 litres.

Coupe. — La coupe de Digne est de 17 litres ; celle
de Sisteron de 23 litres et celle de Barcelonnette, de
30 litres.

Cruche. — (Voyez Heralde).

Demi-Caque. — Cette mesure anciennement employée, valait 52 litres.

Demi-Char. — Tonneau employé dans le département de la Haute-Garonne, il contient environ 325 litres.

Demi-Muid. — Les feuillettes des départements de l'Yonne et de Seine-et-Oise se nomment aussi demi-muids. Le demi-muid de l'Yonne vaut 136 litres, celui de Seine-et-Oise 133 litres. Dans le Languedoc et le Roussillon, on donne ce nom aux tonneaux qui contiennent de 340 litres à 360 litres, mais ceux-ci ne sont pas, en réalité, considérés comme une mesure départementale. On fait également usage dans quelques localités du demi-muid gros qui contient 152 litres, et du demi-muid très gros qui en contient 167.

Demi-Pièce. — On nomme ainsi les tonneaux en usage dans le département de Vaucluse, ils contiennent 275 litres. La demi-pièce de Châlons-sur-Saône vaut 112 à 114 litres, celle de la Côte-d'Or, 128 litres; de Reims, 198 à 200 litres; de Château-Thierry, 133 litres; de Paris, 115 litres.

Demi-Queue. — Les tonneaux de ce nom que l'on emploie aux Riceys, dans l'Aube, contiennent de 221 à 228 litres, ceux de Bar-le-Duc 180 litres. La demi-queue de Reims (véritable Champagne) est de 108 litres; la demi-queue Grosbard (vins de Bar-sur-Aube, Bar-sur-Seine, Châtillon) contient 224 litres ; celle de Villenoxe (vins entre Provins, Nogent-sur-Seine et Anglure) est de 175 litres; de Condrieux, 251 litres ; de Touraine, de 247 litres ; de Pouilly, de 228 litres; de la Chapelle Blanche (vignoble de Bourgueil) de 236 litres ; de Noël (vins blancs de Noël), 243 litres ; de Mont-Louis, 243 litres ; de Chinon et d'Anjou, 243 litres ; du Cher (vins des deux rives du Cher depuis Montrichard jusqu'à Bléré), 245 à 255 litres ; de La-

chaise (vins de St-Pourçain et Gannat), 221 litres; Nan-
taise, de 243 litres ; de Sologne, 236 litres ; d'Orléans,
228 litres ; du Gatinais, 221 litres ; de Château-Thierry, 183 litres ; de St-Dizier, 213 litres ; de Beaune,
228 litres ; de Mâcon, 213 litres ; Chalonnaise, 224
litres ; de Montigny, 213 litres ; de Blois, 236 litres ;
de Vouvray, 255 litres ; d'Auvergne, 280 litres ; de
Sancerre, 221 litres ; de Chalons-sur-Saône, 222
litres ; du Bordelais, 201 litres ; du Languedoc, 274
litres ; de Cahors, 221 litres ; de St-Gilles, 289 litres ;
de l'Hermitage, 205 litres ; de la Côte-d'Or, 228 litres ; de la Meuse, 180 litres ; de Renaison, 201 litres ; enfin la demi-queue cruchée (vins de Vichy,
Cusset, Varennes, Moulins), contient 208 litres.

ÉMINE. — Cette mesure contient depuis 22 jusqu'à
30 litres dans le département des Hautes-Alpes.

FEUILLETTE. — Ce tonneau, employé dans tout le
département de l'Yonne, contient 136 litres; deux
feuillettes forment le muid, mesure usitée pour la
vente des vins. Ce fût est aussi en usage dans les vignobles des environs de Mantes-sur-Seine, département de Seine-et-Oise, mais alors il ne contient que
133 litres. Dans le département de la Côte-d'Or, à
Chalons, département de Saône-et-Loire, on appelle
feuillettes les demi-pièces ou quart de queue qui ne
contiennent que 112 à 114 litres ; la grande feuillette
de Bourgogne est de 144 litres.

HÉRALDE. — Cette mesure est de 23 litres à Pau,
département des Basses-Pyrénées, et varie de capacité dans les autres cantons du département. A Paris, l'ancienne mesure, dite cruche ou héralde de Paris, contenait 32 litres.

HOTTE. — (Voyez Charge).

Houp. — On donne ce nom, dans le département du Nord, à une mesure de la contenance de 17 litres 50 centilitres.

Juste. — Cette mesure contient depuis 2 jusqu'à 4 litres dans le département de l'Ariége.

Mannée. — En Anjou, on nomme mannée une mesure de la contenance de 40 à 50 litres.

Mesure. — Dans les départements de la Moselle et de la Meurthe, la mesure contient 44 litres, mais dans les Vosges, elle varie de 42 à 45 litres.

Millerole. — Cette mesure, qui est employée dans toute la Provence, varie de capacité dans chaque village. Dans le département des Bouches-du-Rhône, elle est à Marseille et dans ses environs de 64 litres, à Allauch de 72 litres, à Gardanne de 75 litres, à Aubagnes, Gemenas, Roquevaire de 65 litres, à la Ciotat de 70 litres et dans l'arrondissement d'Aix de 50 litres. La millerole dans le département du Var varie depuis 60 jusqu'à 70 litres.

Muid. — Ce nom désigne en même temps le tonneau que l'on emploie et la mesure usitée, pour la vente en gros. Le muid présente d'innombrables différences : celui de l'Yonne vaut 272 litres ; celui de Seine-et-Oise, 266 litres ; de l'Aisne, 250 à 266 litres ; de la Haute-Marne, 230 à 241 litres ; du Doubs, 300 à 318 litres ; du Jura, 300 à 318 litres ; de l'Hérault, 685 litres 50 centilitres ; de Montpellier, 510 litres ; de l'Aude, 365 litres ; du Roussillon, 472 litres ; du Languedoc, 460 litres ; du très gros Bourgogne, 950 litres ; du très gros Rappé, 342 litres ; du très gros Rappé Bourg, 350 litres ; du gros Rappé, 320 litres ; du Rappé, 304 litres ; de Cahors, 297 litres, d'Orléans, 289 litres et du Rhône, 288 litres.

Ohm. — Cette mesure est usitée en Allemagne et dans le département du Haut-Rhin, elle contient 50 litres.

Pièce. — Dans le Loiret, la pièce vaut 228 litres ainsi que dans le Seine-et-Oise et dans les Pyrénées-Orientales ; dans l'Aisne, 182 à 205 litres ; dans la Côte-d'Or, 228 litres ; dans la Haute-Marne, 182 à 228 litres ; dans l'Aube, 172 à 182 litres ; dans l'Indre-et-Loire, 243 à 258 litres ; dans le Saône-et-Loire, 212 litres ; dans la Haute-Saône, 180 à 200 litres ; dans l'Ain, 182 à 248 litres et dans la Nièvre, 180 à 230.

Pipe — Ce tonneau employé dans plusieurs vignobles de la France contient depuis 456 jusqu'à 950 litres. On en fait peu de cette dernière capacité. Ce vase vinaire est particulièrement destiné au logement des alcools, ainsi la pipe de la Rochelle est de 533 litres, de Cognac de 600 à 650 litres ; de St-Gilles, de 761 litres ; celle de Paris, 620 litres ; la grande pipe contient le plus ordinairement 900 litres.

Poinçon. — Voici maintenant le poinçon : celui de l'Indre et du Cher est de 218 litres, celui de Blois de 223 litres, celui de la côte du Cher de 250 litres, celui de Vendôme de 200 litres, celui de la Nièvre de 224 litres, celui du Loiret de 228 à 235 litres, celui de Chinon, de 230 litres, et enfin celui d'Eure-et-Loire de 210 à 230 litres.

Pot. — Les vins d'Auvergne se vendent au pot. Cette mesure représente 14 litres 75 centilitres. A Toul dans la Meuse le pot est de 2 litres 50 centilitres.

Quari — Dans le département du Doubs, on fait usage du quari, mesure de la contenance de 79 litres.

Quart. — Ce nom est donné à de petits tonneaux

qui contiennent le quart de la mesure ou des tonneaux employée pour la vente du vin. Les quarts de
muid du département de l'Yonne contiennent 68 litres ; les quarts de botte du Mâconnais et du Beaujolais sont de 106 litres et les quarts de queue de la
Haute-Bourgogne sont des demi-pièces dont la capacité est la moitié de celle des pièces du pays, soit 114
litres.

QUARTAUT. — Cette mesure est à Mâcon de 206 litres ; le Quartaut Châlonnais et celui de Beaune, va-
lent 114 litres et le Quartaut d'Orléans spécialement
employé pour le logement des vinaigres est également
de 114 litres.

QUEUE. — La queue se compose de deux pièces ou
de deux demi-queue (voir ces mots), ainsi la queue
de la Côte-d'Or est de 456 litres.

RAZIÈRE. — Dans le Nord, on nomme Razière une
mesure de 70 litres 11 centilitres.

RUBBIO. — Ancienne mesure en usage à Nice, elle
contenait 7 litres 85 centilitres.

SAUMÉE. — Mesure en usage dans le département
de l'Ardèche ; la Saumée varie depuis 87 jusqu'à 100
litres.

SETIER. — Dans le département du Doubs, le Setier contient 50 litres.

SIXAIN, — ou sixième du muid du Languedoc,
cette mesure représente 114 litres.

TIERCERON. — Dans le Languedoc, on nomme Tierceron un fût de la contenance de 228 litres. Cette
mesure est également désignée sous le nom de Tierçon et Tiercerolle. Le tierçon est particulièrement
employé pour le logement des vins muscats et pour
les vins expédiés aux colonies. On connaît aussi sous

la désignation de tierçon un fût de la contenance de 53 litres.

Tinne. — La tinne est une mesure du département du Doubs, elle contient 53 litres.

Tonneau. — Cette mesure employée dans plusieurs vignobles, surtout dans ceux du Bordelais se compose de quatre barriques. Quatre barriques contenant chacune 228 litres sont comptées pour un tonneau, soit donc 912 litres.

Vase. — Mesure en usage à Condrieux dans le département du Rhône, contenant à peu près 76 litres.

Velte. — A l'exception du département de la Vienne où cette ancienne mesure est d'à peu près 2 litres, généralement elle est considérée comme ayant une contenance d'environ 7 litres. L'ancienne Velte de Paris contenait 6 pintes soit 5 litres 58 centilitres 7 millilitres; aujourd'hui la Velte de Paris représente dit-on 7 litres, celle de Bordeaux 7 litres 52 centilitres 9 millilitres, celle d'Anvers 18 litres 66 centilitres.

Nous compléterons ce travail en ce qui intéresse les mesures françaises par le tableau suivant, comprenant les anciennes mesures en usage à Paris, et les mesures dont on fait encore usage dans les deux grands centres vinicoles de la Bourgogne et du Bordelais.

ANCIENNES MESURES DE PARIS

Le muid, contenant 2 feuillettes
ou 288 pintes................... égal à 268 litres 2144
La feuillette contenant 144 pintes égal à 134 — 1072
La pinte contenant 2 chopines ou
setiers, 8 poissons, 16 roquilles égal à 0 — 9313
La chopine..................... égal à 0 — 4656
Le poisson..................... égal à 0 — 1164
La roquille.................... égal à 0 — 0582
Un foudre contenait 8 feuillettes et valait 1,072 litres.

MESURES DE BOURGOGNE.

La queue vaut 2 tonneaux, c'est-à-dire..   456 litres »
Le tonneau, muid, poinçon ou pièce vaut
  2 feuillettes, soit..................... 228 — »
La feuillette vaut 2 quartauts, ou ..... 114 — »
Le quartaut vaut.................... 57 — »
La pointe de Dijon, vaut................ 1 — 615

MESURES DU BORDELAIS.

Le pot de Bordeaux, vaut................ 2 litres 265
Le pot de la Réole..................... 2 — 422
La barrique (100 pots de Bordeaux)....... 226 — 475
La velte........................... 7 — 629
La pièce d'eau-de-vie (50 veltes)........ 376 — 438
Le tonneau se compose de 4 barriques de
  228 litres ou 30 veltes.............. 912 — »

Voici maintenant les dimensions extérieures des barriques, d'après la barrique modèle déposée à la Bourse de Bordeaux.

Hauteur totale...................... 0 mètre 910
Circonférence du bouge .... 2 — 180
Circonférence aux bouts (à la tête)...... 1 — 940
Longueur de la peigne................ 0 — 070
Épaisseur de la foncaille.............. 0 — 018
Épaisseur des douves au bouge......... 0 — 012

ÉTRANGER

ANGLETERRE

La tonne ou 7 barils 875/1000 soit.... 1144 litres »
Le baril ou 32 gallons   soit...... 145 — »
Le gallon   soit...... 4 — 54
Le quart ou 2 pints   soit...... 1 — 13
Le pint ou 4 gills   soit...... 0 — 56
Le gill   soit...... 0 — 14
Le bushel ou 8 gallons   soit...... 36 — 34
Le peck ou 2 gallons   soit...... 9 — 08

TABLE DES MATIÉRES

CHAPITRE III.

GUÉRISON DES MALADIES ET ALTÉRATIONS DU VINAIGRE.

CHAPITRE IV.

CONSERVATION ET DÉSINFECTION DES VASES VINAIRES.

CHAPITRE V.

GUÉRISON DES MALADIES ET ALTÉRATION DES CIDRES.

CHAPITRE VI.

RECETTES ET RENSEIGNEMENTS DIVERS.

Clermont-de-l'Oise. — Typ. A. Daix, rue de Gondé, 27.

LE MONITEUR VINICOLE

Organe de la production et du commerce des vins et des spiritueux.

19ᵉ Année

BUREAUX :

6, rue de Beaune, 6, PARIS

PRIX DE L'ABONNEMENT { UN AN, **23** fr.
SIX MOIS, **13** fr.

Ce Journal paraît deux fois par semaine, *le mercredi et le samedi*. — Format des grands journaux quotidiens.

La rédaction du *Moniteur vinicole* est composée des hommes les plus compétents à tous les points de vue pour les questions qui intéressent la production et le commerce des vins.

Tout ce qui a trait à la bonne culture de la vigne, les meilleurs procédés de vinification et de distillation ; le développement commercial des affaires de vin ; la régie, les chemins de fer, sont tour à tour passés en revue.

Des correspondants sérieux et désintéressés lui adressent, de tous les points de la France et de l'étranger, des renseignements nombreux et précis, qui mettent le commerce et la production à même d'agir au mieux de leurs intérêts.

Enfin, par ses consultations *toujours gratuites* et données avec empressement, qu'il soit question d'accidents arrivés à des vins, à des eaux-de-vie, ou que ce soit la solution de difficultés avec la Régie et les Chemins de fer, le *Moniteur vinicole* complète l'œuvre d'utilité générale pour laquelle il a été fondé et que le succès a largement consacrée.

LE PETIT
MONITEUR VINICOLE

**Paraissant le 1er et le 3me Samedi
de chaque mois.**

DEUXIÈME ANNÉE

BUREAUX :
6, RUE DE BEAUNE, 6, PARIS

PRIX :
CINQ FRANCS par an.

Tous les Propriétaires et tous les Négociants en vins qui ont besoin d'être fréquemment renseignés et constamment au courant des événements qui intéressent la vigne, trouvent, dans le *Moniteur vinicole*, la satisfaction la plus complète à ce qu'ils peuvent désirer, mais il existe bien des personnes qui reculent devant le prix, pourtant fort modique, de ce journal, ou pour lesquelles une revue générale des événements vinicoles, à plus long intervalle, est parfaitement suffisante. C'est à ces personnes que s'adresse le **Petit Moniteur vinicole** ; elles y trouveront, outre une revue générale des vins et alcools sur toutes les places commerciales, une chronique spéciale de chaque vignoble, des conseils réellement pratiques et des renseignements commerciaux d'une actualité incontestable.

La modicité du prix de l'abonnement ne permettant pas de fournir de traite, chaque demande doit être accompagnée d'un mandat-poste représentant le montant de l'abonnement.

VINS DU ROUSSILLON

ÉMILE FOURTANIER

PROPRIÉTAIRE-COMMISSIONNAIRE

à SALCES (Pyrénées-Orientales)

près RIVESALTES

GARE DE CHEMIN DE FER

Depuis longtemps dans les achats de vins du Roussillon pour le compte d'importantes maisons, avantageusement connue des producteurs et propriétaire elle-même de vignobles à Saint-Paul de Fenouillet et Salces, cette Maison est en position d'être régulièrement fixée sur la qualité et la valeur des produits.

Un bulletin à souche portant le nom du propriétaire vendeur, le prix et la quantité de l'achat est remis à tous ses clients. Cette Maison, exclusivement de commission, traite au comptant tous les achats qui lui sont confiés.

17

ROUSSILLON

Maison d'achat au vignoble recommandée

L'Agence du marché aux vins de Perpignan est un dépôt d'échantillons, situé à la mairie sur le point central où se réunissent propriétaires et négociants. Elle a pour but de faciliter les rapports du commerce, en lui permettant de se rendre compte en peu d'instants, avant de courir le pays, des sortes existantes et des prix tenus.

MM. FAURE Fils et Cie, chargés de la direction de cette agence et du groupement des échantillons, font toutes les affaires de commission que l'on veut bien leur confier. Dans le cas où le négociant est désireux d'être possesseur de la marchandise avant d'envoyer les fonds, ou veut quelque crédit, ces messieurs lui en facilitent les moyens en lui établissant un prix de forfait, qui n'est que le prix de la commission, augmenté de tous frais, agio et charrois.

RESPONSABILITÉ

Facilité de relations commerciales

VINS SANS COUPAGE.

P^{RE} DELRIEUX

ex-négociant à Béziers

Propriétaire de la Ferme C^{le} du Moulin-Neuf,
par Thuir (Pyrénées-Orientales).

—

EXPÉDITION DIRECTE DE MES PRODUITS AU COURS
DU VIGNOBLE.

—

Sur la sollicitation de mes anciens et bons clients, je viens de reconstituer à Béziers, une maison d'achat à la commission pour les 3/6 et vins du midi. Cette maison ne prendra que 1 fr. par hect. de commission, commission que l'on paye à des commissionnaires auxquels il faut adresser les fonds d'avance et dont on ne connaît pas souvent la solvabilité. Beaucoup ne connaissent même pas la marchandise et ne visent qu'à une chose, *gagner* la commission, advienne que pourra. J'offre mon expérience de 20 ans de commerce en gros et toute avance de capitaux sur bonnes références.

Comptoir rue St-Jean, 10, en face le marché
à BÉZIERS (Hérault).

ENVOI D'ÉCHANTILLONS SUR DEMANDE AUX FRAIS
DU DESTINATAIRE.

Bien préciser les vins que l'on désire.

St A. BOURDET

Gourmet et Commissionnaire en Vins
A LUNEL (Hérault).

S'occupant spécialement de l'achat à la commission des vins fins et ordinaires du Gard et de l'Hérault, blancs et rouges, tokays et muscats.

Le département de l'Hérault est aujourd'hui le plus important de France comme production vinicole. Aucun n'offre au commerce de plus grands avantages sous le rapport de la variété, de la qualité et surtout du bas prix des vins.

Envoi de renseignements et d'échantillons sur demande.

Vins du Var

Léonce VINAS, *négociant-commissionnaire*
à Toulon

FOURNISSEUR DE LA MARINE NATIONALE

Spécialité des vins de

Bandol -- Pierrefeu -- Montagne -- Côte-du-Var

La maison se charge de toutes opérations à forfait ou à la commission. Elle expédie directement du vignoble, toutes les fois qu'il s'agit de vins achetés pour compte de tiers.

BUREAU VINICOLE

Vins à la commission et renseignements vinicoles.

GUY

Viniculteur, place de la République,
à *BÉZIERS*, (Hérault).

pèse et examine les vins qui lui sont soumis.

POUR RÉPONSE AUX RENSEIGNEMENTS JOINDRE UN TIMBRE.

Vins du Midi

S. AURY, Commissionnaire à Lunel (Hérault.)

Expédition directe de la cave du propriétaire et achats à la commission aux conditions les plus avantageuses pour l'acquéreur.

Fournit le logement, soit en fûts neufs au cours, soit en fûts de transport en location.

MAGASINS POUR L'ENTREPOT GRATUIT DES FUTS VIDES DE L'ACHETEUR.

Aramons. — Montagne. — St-Georges. — Costières.

Vins blancs

Bourrets. — Picquepouls. — Clairettes.

— Muscats vieux. — Spiritueux. — 3/6 Bon goût. 3/6 de Marc. — Eaux-de-vie.

VINS DU MIDI

H^{re} CAZES, *Commissionnaire en vins, à St-André-de-Sangonis (Hérault)*.

Localité avantageusement connue par la bonne qualité de ses vins Montagne et à proximité de celles de St-Guiraud, St-Saturnin, Jonquières, etc., non moins renommées par la nature de leurs produits.

Achats à la commission des vins de toute qualité et expédition directe de chez le propriétaire.

VINS DE L'AUDE

—

Louis VIGUIER Fils

Commissionnaire à Carcassonne

Les négociants voulant faire des achats sérieux dans l'Aude auront toute satisfaction en s'adressant à Louis Viguier, fils de Jules Viguier, courtier depuis 40 ans, et qui a été toujours en relation avec les meilleurs propriétaires du département. Garanties sérieuses.

Envoi d'échantillons.

VINS DU VAR

ET

Huiles de Provence

—

JULES DÉCUGIS

rue des Savonnières, 7, TOULON (Var.)

—

Achats à la commission des huiles et des vins de Bandol, Pierrefeu et Montagne. — Vente à forfait. — Expédition directe de chez le propriétaire.

VINS DU MIDI

—

Jules SABATIER

Commissionnaire

à AZILLE (Aude.)

Expéditions directes de chez le propriétaire.

—

VASTE LOCAL POUR LOGER LES FUTAILLES VIDES.

VINS DE NARBONNE

Urbain PENDRIEZ, propriétaire et commissionnaire, à St-Marcel (Aude), par Sallèles-d'Aude. Expéditions directes de chez le propriétaire.

VINS DU ROUSSILLON

Rivesaltes, centre du commerce des vins du Roussillon où se fait le principal commerce et où se produisent les meilleurs crûs, les cours des vins chez le propriétaire établis à Rivesaltes et à nos localités vignobles, sont donnés par :
BERNADI COLOM, commissionnaire en vins à **Rivesaltes** (Pyrénées-Orientales).

Informe MM. les négociants que, selon ses habitudes, lorsque des achats de vin lui sont confiés, il cherche les intérêts du commerce et non ceux de la propriété.

Vins du Jura

BARBEZAT ET Cie

A PASSENANS (Jura).

Commission et Exportation

Vins de Passenans, Ménétrux, Château-Chalons, Arbois

Propriétaires dans le Jura et le Mâconnais.

FORFAIT & COMMISSION.

—

Vins et Eaux-de-Vie.

Etablissement important pour l'achat des vins à la commission.

LEFOL FRÈRES & E. PEYCHAUD

Propriétaires et Négociants-Commissionnaires
BOURG-SUR-GIRONDE (Gironde),

Vins de la Bourgogne

—

ANDRÉ PHILIBERT
COMMISSIONNAIRE EN VINS
A PULIGNY, près Beaune
(CÔTE-D'OR).

Achats à la commission et expédition directe de chez le propriétaire de tous les vins de Bourgogne, vins de plaine, de côte, d'arrière-côte, ordinaires et de choix; Vins fins de Chassagne, Santenay, Beaune, Aloxe, Pommard—vins Montrachet. Grands vins — expédie de même et toujours à la commission les eaux-de-vie de Marc et de Bourgogne.

VINS MACONNAIS ET BEAUJOLAIS

REYSSIÉ & A. RUBAT DU MÉRAC
Négociants-Commissionnaires en Vins
A MACON (Saône-et-Loire).

Achats et expéditions de tous les vins du Mâconnais et du Beaujolais — Charnay — Davayé-Romanêche — Julliénas — Morgon — Fleurie — Chénas-Thorins — Moulin à vent.

Vins de la Bourgogne, — rouges : Musigny, Pommard, Corton, Nuits, Volnay, Beaune.

Vins blancs — Pouilly — Fuissé — Solutré — Davayé.

MAISON FONDÉE EN 1814

G. SAMSON

6, Boulevard des Sables, à CAEN (Calvados.)

NÉGOCIANT-COMMISSIONNAIRE

en Vins d'Espagne et de Portugal.

VINS DES ILES

JULES DUVAL

négociant et commissionnaire en vins

à Saint-Georges

Ile d'Oléron, (Charente-Inférieure.)

—

ACHATS A LA COMMISSION DES VINS ET EAUX-DE-VIE

—

Vente à forfait. — Expédition directe de chez le propriétaire récoltant.

VINS DE LA BOURGOGNE

ADOLPHE FOUGÈRES & Cie

Propriétaires et Négociants à *BEAUNE*
(Côte-d'Or.)

Les acheteurs trouveront dans cette maison, dont la création est d'ancienne date, un complet assortiment de vins fins et ordinaires rouges et blancs, de côte et d'arrière-côte; vins fins de Beaune et Pommard; provenant de ses récoltes et plusieurs fois médaillés aux crûs suivants; **Les Grèves, les Toussaints, les Theurons, les Mignotte, le clos des Mouches, Mont St-Désiré, en Montremenot** (etc); Vins en bouteilles des meilleurs crûs; Eau-de-vie de marc du pays.

Expéditions journalières en France et à l'étranger.

Maison d'achats à Commission,

—

J. COUCHÉ FILS AINÉ

à CHINON (Indre-et-Loire).

—

VINS ROUGES

de Chinon, Bourgueil, Champigny-le-Sec et Touraine,

POITOU (VIENNE.)

VINS BLANCS

du Saumurois, Anjou, Loudunais et Richelais,

POITOU (VIENNE.)

Maison à CLAN (Vienne).

Vins du Poitou

AMIRAULT FILS

Négociant en Vins

à POITIERS (Vienne).

PULIGNY près Beaune (Côte-d'Or).

E. DUPARD Aîné

Propriétaire, Tonnelier et Commissionnaire.

VINS ET EAUX-DE-VIE DE MARC DE BOURGOGNE.

Spécialité d'achats à la commission.

Vins Rouges et Blancs
DES CHARENTES

—

A. ALLINEAUD Fils
COMMISSIONNAIRE
A ROUILLAC (Charentes).

Vins d'Espagne

—

J. LAFONT
64, *Coso, à Saragosse (Aragon)*
— ESPAGNE —

Se charge d'achats de vins de Carinena et d'Aragon à la commission. Connaisseur des produits du **Pays**, il offre des avantages réels en économie de prix et qualités.

FUTAILLES
en gros et en détail
A PARIS

chez TORNIER aîné
Boulevard de la Gare, 62

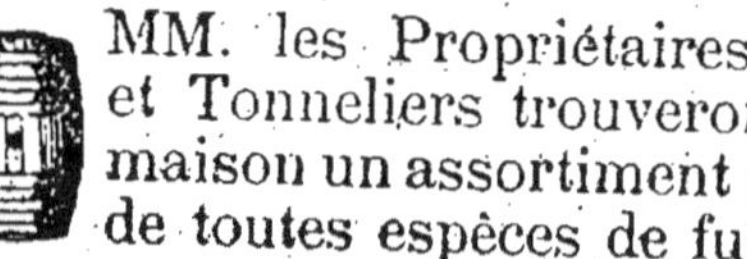

MM. les Propriétaires, Négociants et Tonneliers trouveront dans cette maison un assortiment toujours frais de toutes espèces de futailles.

EXPÉDITION POUR LA FRANCE ET L'ÉTRANGER

Vins de Champagne

AD. CARTERON

Propriétaire à EPERNAY (Marne)

Carte d'or, Grands vins réservés....	6 f.	la bouteille.
Carte d'or............................	4 50	—
Royal Champagne...................	4 »	—
Carte rouge........................	3 50	—
Carte Bleue........................	3 »	—
Carte Noire........................	2 50	—
Tisane de Champagne...............	2 25	—
Vin du commerce, Ay Gd Mousseux.	2 »	—
Bocks Champagne, 1er Choix...	105 fr	le cent.
do do 2e Choix...	85 fr	

(Propriété de la Maison)

Le tout emballage compris.

Les vins sont vendus avec garantie, repris et remplacés en cas de mécontentement.

Expéditions sur demande directe , le jour même de la réception de la demande.

LIQUEURS ET VINS DE LIQUEURS

EXTRAITS POUR LIQUEURS

Paris-Bercy.

Brevet d'invention. Mention hon. et Grand. méd. aux Expos. de Londres et de Paris ; Méd. d'arg. Expos. du Hâvre, 1858.

Spécialité de parfums spiritueux concentrés pour faire soi-même les meilleures liqueurs de tous genres, SANS APPAREIL, SANS FILTRAGE NI COULEUR, au moyen d'un simple mélange, **BRUNET et DULAC**, 5, rue Neuve-Saint-Merri, à Paris; Magasins à l'entrepôt de Bercy. Ne pas confondre cette quintessence d'extrait spiritueux concentré avec les essences qui ont paru jusqu'à ce jour.

Tout contrefacteur sera poursuivi selon les lois.

FABRIQUE DE LIQUEURS
Spécialité de Cassis et de Vermouths

CHERMETTE-CLÉMENT
Distillateur à ROANNE (Loire.)

Médailles aux expositions de Paris, Lyon, Saint-Etienne, Roanne, spécialement pour la fabrication de la délicieuse liqueur :

LA PRUNELLE DU FOREZ

qui se recommande par son bon goût, sa finesse et ses propriétés toniques.

Envoi de prix-courants sur demande et remises importantes au commerce.

Cidres de Bretagne.

MAISON FONDÉE EN 1840

A. THOMAS-MARTIN
Négociant en vins et Spiritueux.

IMPORTATION   RENNES   **EXPORTATION**
(Ille-et-Vilaine).

Bureau et entrepôt, 6, rue Rallier,
Maison à Clamart-sur-Meudon, près Paris.

KIRSCH WASSER
DE LA HAUTE-SAONE ET DES VOSGES
Concours Régional Agricole, Besançon 1865
Exposition universelle, Paris 1867, Médaille unique.

CH. GODARD

Distillateur à AILLEVILLERS (Haute-Saône)
Ancienne Maison Deschaseaux et Godard
Représentée à Paris, par M. J. GAUD, 160, boul. Voltaire
A Genève, par M. L. H. MALET.

VINS D'ITALIE

Achat à la commission de tous les vins du Montferrat, si remarquables pour les coupages et de toutes les qualités de vins ordinaires et fins.

Renseignements sur la valeur et la qualité des vins italiens sur demande contenant un timbre pour la réponse.

SPESSA-CARLO ET Cᵉ

Commissionnaires et Propriétaires
à ASTI (Italie.)

Informent les négociants que non seulement ils continuent comme par le passé, à s'occuper de *représentation,* de *commission,* d'*importations* et *exportations,* mais que, pour satisfaire aux nombreuses demandés de maisons étrangères et nationales, ils acceptent des marchandises en dépôt pour la vente. Pour cela, ils sont pourvus de vastes et bons magasins, et, pour faciliter le commerce, ils anticipent, si on le désire, au taux commercial, sur les marchandises reçues en dépôt, plus de la moitié de leur valeur.

Les nombreuses relations qu'ils ont en Italie et sur les principales places de l'étranger, assureront aux négociants une prompte et bonne vente, et leur procureront une nombreuse clientèle.

Ils se chargent aussi d'acheter tout article de l'extérieur dont les négociants peuvent avoir besoin.

La longue pratique des affaires, les capitaux suffisants pour l'entreprise, le soin et l'exactitude qu'ils mettent à exécuter les ordres de leurs clients, leur permettent d'espérer que les négociants voudront bien les honorer de leur bienveillante confiance.

CLARIFICATION

ET

AMÉLIORATION DES VINS

Médailles à toutes les Expositions.

LES POUDRES DE A. JULLIEN, inventées depuis plus de 50 ans, sont le clarifiant le plus sûr et le plus estimé. — ELLES COUTENT :

Le N° 1 pour les vins rouges 5.50 le 1/2 kilo. pour 50 pièces.

Le N° 2 pour les vins blancs 7.»» le 1/2 kilo pour 50 pièces.

Le N° 3 pour les vins trop chargés en couleur et les eaux-de-vie, 5.50 le 1/2 kilo.

LES POUDRES ŒNOPHILE MÈGE, sont également employées avec succès. Prix :

Le N° 1 pour les vins rouges 3 fr. le 1/2 kilo.

Le N° 2 pour les vins blancs 4 fr. le 1/2 kilo.

LA POUDRE DUCRAY seule adoptée pour le collage des vins des hospices de Paris, coûte 3 fr. le 1/2 kilo. pour les vins rouges et blancs.

S'adresser chez **V° RIVET J°,** seul fabricant et successeur, 8, BOUL. POISSONNIÈRE, PARIS.

Maison spéciale de Vins fins.

GÉLATINE LAINÉ

Clarification et Bonification

PROMPTE, SURE, ECONOMIQUE

DE TOUTE ESPÈCE

DE VINS ET EAUX·DE·VIE

Prix du demi-kilogramme, **5 francs.**

(C'est 20 centimes environ pour un hectolitre.)

Au moyen de la GÉLATINE LAINÉ, les vins les plus épais, les plus troubles, les vins fatigués, durs, âpres, chargés, les vins blancs gras et filants, deviennent parfaitement limpides, sains, mûrs, faits et fondus ; les eaux-de-vie et liqueurs sales ou colorées par accident redeviennent pures par le même procédé. Chaque paquet contient une instruction détaillée sur la manière, très-simple du reste, d'employer la **Gélatine Laîné.**

Adresser les demandes à M. DENI, 64, *rue de Turenne à Paris.*

TEINTE
CONSERVATRICE DES VINS

Extrait végétal pour colorer et clarifier les vins
Seule autorisée et approuvée
Médaille d'or, Académie nationale, Paris 1867
Maison fondée en 1781.

ALFRED LESTAUDIN
à REIMS (Marne).

CAPSULES

d'Étain, Blanches, Coloriées
ET IMITATION CIRE

à la marque des consommateurs. — M. VALLÉE,
65, rue de la Verrerie, à Paris. — S'adresser
de préférence pour la confection des timbres, de
2 à 5 h.

CERCLES BLINDÉS

Brevetés s. g. d. g. et médaillés aux Expositions

Ces cercles remplacent les cercles de bois pour
tous les fûts qui doivent supporter des voyages ;
ils durent autant que le fût lui-même et évitent
les nombreuses réparations que nécessitent les
cercles en bois.

REY PALLE
56, RUE MARTOUREY, A SAINT-ETIENNE (Loire.)

ASSORTIMENT GÉNÉRAL

DE

Fournitures, Outils et Ustensiles

POUR

*Brasseurs, Distillateurs, Négociants en vins,
Tonneliers et Viticulteurs*

Léon QUILLET

rue de la Verrerie, 4, à PARIS.

Envoi sur demande de tarif illustré.

Bonificateur Lamart

pour les Eaux-de-Vie

150 fr. l'hectolitre à 45 degrés

Ce produit a la propriété de donner un goût et un parfum très-agréables à l'eau-de-vie, de la clarifier et de la faire perler. Un litre pour un hectol. L'avantage incontestable de ce Bonificateur, est prouvé par l'importante consommation qui s'en fait en France et à l'Etranger.

Les négociants qui désirent faire un petit essai peuvent demander une bombonne de 6 litres.

*Distillerie LAMART, à Beaumetz-les-Loges
(Pas-de-Calais.)*

Chaîne à rincer les Fûts

Breveté S. G. D. G.

Cette chaîne offre de grands avantages ; elle rince vite et ne peut jamais se nouer ; inconvénient qui existe trop souvent dans l'emploi de la chaîne ordinaire.

PRIX : 7 FRANCS

Inventeur : LARDONNOIS, négociant à Villiers-en-Lieu, par St-Dizier (Haute-Marne).

Et dépôts chez les principaux marchands d'outils et de fournitures de caves.

Dépôt chez M. Léon QUILLET, 4, rue de la Verrerie, à Paris.

Dépôt chez M. J. DUVAL, rue Sainte-Croix-de-la-Bretonnerie, 23, à Paris.

Dépôt à Lyon, chez MM. Charles GERVASY et Cie, 98, rue Bugeaud, à Lyon.

Dépôt à Verdun (Meuse), chez MM. MARTIN et Cie, négociants en fers.

Dépôt à Carcassonne (Aude), chez M. Charles REY, quincaillier.

A Remiremont (Vosges), chez M. GUEDENAY-LAMARCHE.

MALADES ET BLESSÉS

Soulagement
PAR LITS
ET

FAUTEUILS MÉCANIQUES
Vente ou Location

DUPONT, Successeur de GELLÉ
rue Serpente, 18, PARIS.

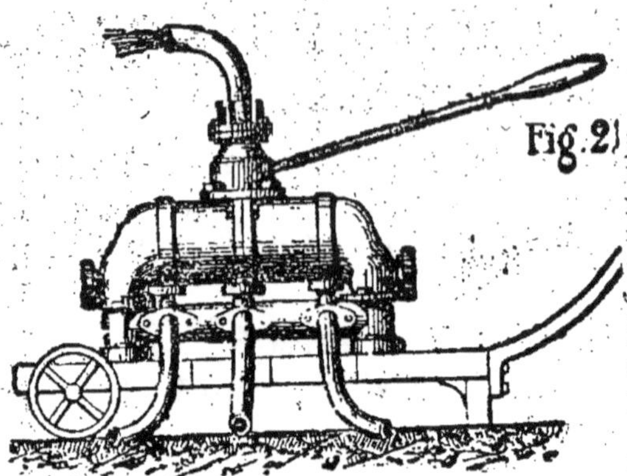

POMPE

SPÉCIALE

pour le transvasement et le mélange des vins et spiritueux, employée de préférence à toute autre à l'entrepôt de Paris.

Pompes du même système pour tous autres usages,

Pour puits de petites et grandes profondeurs, pour arrosements et incendie, pour purins et vidanges, pour brasserie, distillerie et liquides bouillants.

MANÈGES ET MOTEURS A VENT POUR ÉLEVER L'EAU.
Médailles 1re *classe* aux Expos. univ. de Paris 1867, et de Lyon 1872-1873.

J.-J. AUBRY ET Cie

BREVETÉS

186, *rue Lafayette, Paris.— On envoie le tarif sur demande.*

BAIN DE PENNÈS

RECONSTITUANT, STIMULANT

et Sédatif

DES PLUS EFFICACES

Contre l'appauvrissement du sang, l'épuisement des forces et les douleurs rhumatismales. Remplace les bains alcalins, salins ou sulfureux des sources d'Allemagne, surtout les **Bains de mer chauds.**

Vente à Paris :

Pour le gros, rue de Latran, 1;
Pour le détail, rue des Ecoles, 49.
Dépôt dans toutes les pharmacies, **1 fr. 25.**

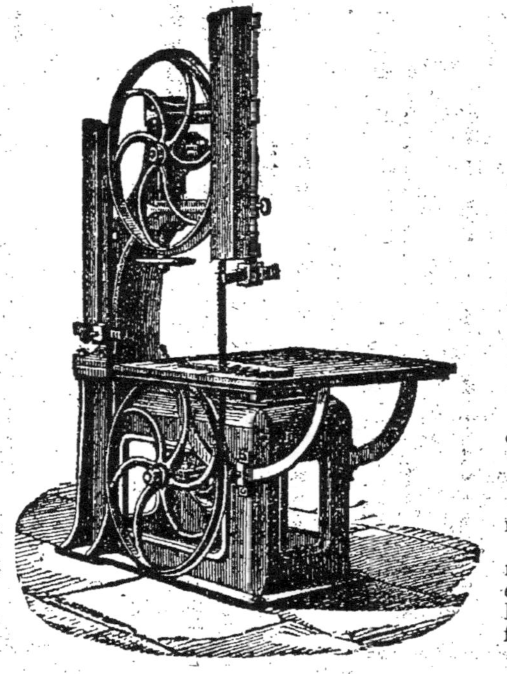

11 MÉDAILLES AUX EXPOSITIONS UNIVERSELLES

1er prix, Médaille de progrès à l'Exposition de Vienne 1873.

F. ARBEY

INGÉNIEUR-CONSTRUCTEUR

PARIS, 41, Cours de Vincennes (près la place du Trône).

CONSTRUCTION

DE

SCIERIES & MACHINES-OUTILS

pour le travail du bois

POUR

LA TONNELLERIE MÉCANIQUE

Scieries sans fin pour refendre les douves : Machines à doler ou arrondir l'intérieur et l'extérieur des douves ;

A donner le bouge ;

A faire les joints ;

A rogner, chanfrainer et jabler, d'un seul coup, les futailles montées ; à tourner et chanfrainer les fonds, etc., etc.

Envoi de l'album (édition 1873) en langues française, allemande, anglaise, italienne, espagnole, russe et polonaise, des principaux modèles de scieries et machines-outils travaillant le bois (103 dessins), contre trois francs en timbres-poste français ou étrangers.

Envoi franco du prix courant en langues étrangères.

18

FABRIQUE SPÉCIALE DE COFFRES-FORTS

TOUT EN FER

Incombustibles et incrochetables, brevetés s. g. d. g.

Résistant aux plus violents incendies et à toutes tentatives d'effraction.

E. PETITJEAN

Médailles et diplômes d'honneur
Coffres-forts, Meubles en tous genres.
Coffres sur mesures pour placards,
Caisses à titres et à livres, pour administration.

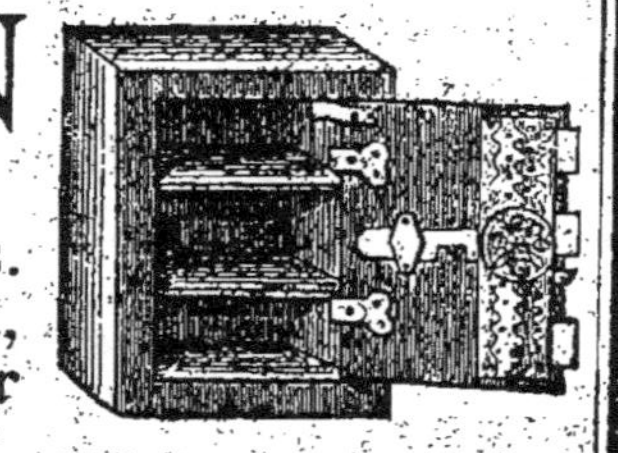

COFFRETS DEPUIS 45 fr.

Atelier de construction, 14, rue Château-Landon

MAISON DE VENTE, 131, BOULEVARD SÉBASTOPOL, PARIS.

Sur demande, on envoie des Tarifs.

COFFRES-FORTS
Depuis 110 fr.

FOUR ANNULAIRE
A FEU CONTINU
DE FRÉDÉRIC HOFFMANN

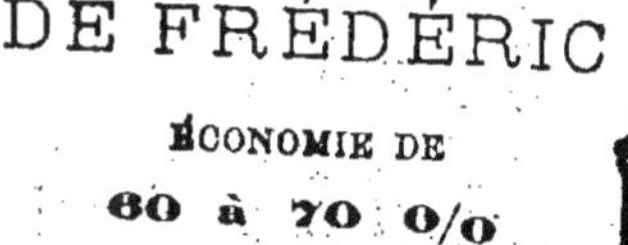

ÉCONOMIE DE
60 à 70 0/0
POUR BRIQUES, etc.

Pour la cuisson de briques, tui porcelaine, poterie ordinaire, plâtre.

Plus de fonction tant qu'à

ÉCONOMIE DE
80 0/0
POUR LES CALCAIRES

les, pannes, carreaux, faïence, de grés, chaux, ciment et

1,200 fours nent en France l'Etranger.

Machines à Briques
DE HERTEL
Plus de 700 Machines en fonction.

PREMIER PRIX A L'EXPOSITION DE 1867 ET 1873 A VIENNE.

Bonne préparation DES TERRES

Faisant briques pleines et moulures, tuiles et poterie de

Formation des produits réunis creuses, tuyaux, bâtiment, prepa-

ration et briquettes de ciment, briquettes de tous combustibles.
Montage complet de briqueterie mécanique ou tuilerie mécanique.

S'adresser à M. C.-E. BOURRY, 80, rue TAITBOUT, à PARIS.

18*

LE PRESSOIR NAIN

TERREL DES CHÊNES

B. S. G. D. G.

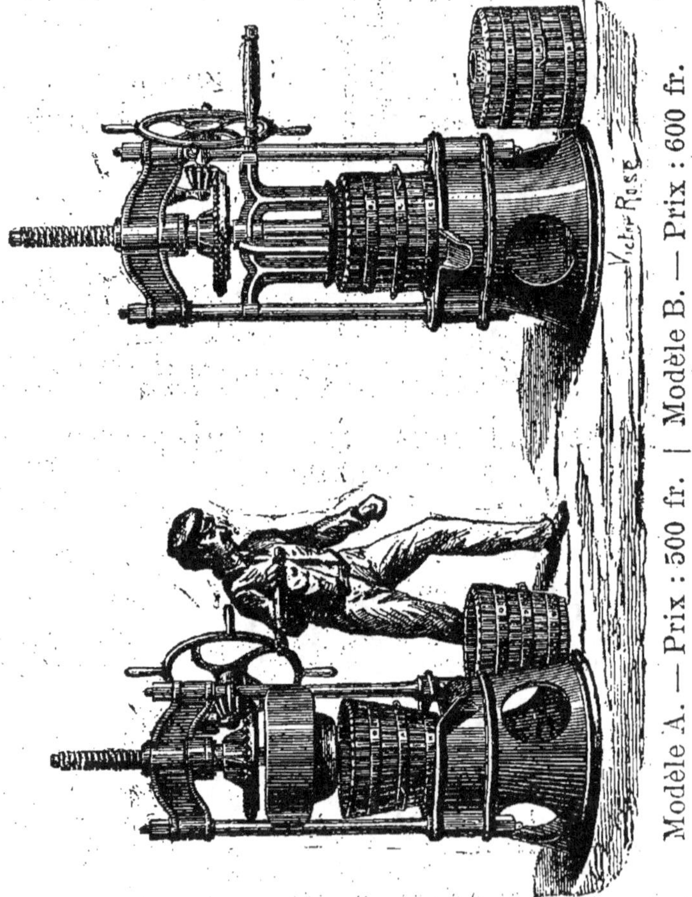

Rendement en 12 heures de travail et 2 manœuvres :

100 à 120 hectolitres. | 130 à 150 hectolitres.

LE PRESSOIR NAIN

TERREL DES CHÊNES BREVETÉ S. G. D. G.

Adresser les demandes à l'inventeur, 6, rue de Beaune à Paris.

Le **Pressoir-Nain** coûte à peine le tiers d'un grand pressoir ordinaire.

Son poids et son volume sont dix fois moindres, et il fournit trois fois plus de travail effectif.

Cet instrument en miniature est le pressoir par excellence pour la confection des vins rouges et blancs. Il s'emploie avec non moins de succès à la dessication de toutes sortes de pulpes dont on veut extraire les jus.

INSTRUCTION
POUR SON FONCTIONNEMENT

Chacun de ces appareils est muni de 2 récipients portatifs. Un des hommes se tient près du volant. Son travail consiste à descendre et relever, au moyen du volant, le piston agissant comme organe compresseur.

L'autre emplit les récipients dans une cuvelle, où l'on a préalablement transporté le marc, et aide son compagnon dans le dernier effort.

Ce coup de grâce étant donné, l'organe compresseur est relevé rapidement, on ôte le récipient opéré, on place le second et le travail continue sans interruption.

Cinq minutes suffisent pour la pressée ; il faut une minute pour relever l'organe et recharger ; total, six minutes.

Or, les récipients coniques du pressoir A contiennent 30 litres de marc; ceux du cylindre B, à tube central, 40 litres.

On a ainsi pressé dix fois 30 ou 40 litres en une heure, ou 1,200 ou 1,600 en 4 heures.

On sait que 1,200 ou 1,600 litres de marc correspondent à 40 ou 50 hectolitres de vin. C'est donc un travail de 120 à 150 hectolitres en 12 heures.

A.	**B.**
À Récipients Coniques.	**À Récipients Cylindriques à tube central.**
Durée de la pressée.. 5 minut.	Durée de la pressée. 5 minut.
Poids............... 300 kilog.	Poids............... 330 kilog.
Hauteur............ 1ᵐ 55	Hauteur............ 1ᵐ 65
Largeur........... 0ᵐ 75	Largeur........... 0ᵐ 75

Prix du **Pressoir-Nain** A. Fr. 500 »
    »   »   » B. » 600 »
    » des organes séparés. » 80 »

Chaque pressoir est livré avec 2 récipients.

FARROW ET JACKSON

INGÉNIEURS

VINICOLES & VITICOLES

Maison fondée à Londres en 1798

23, RUE DU PONT-NEUF, PARIS

18, GREAT TOWER STREET, 8, HAYMARKET, LONDRES

Machines de toute espèce pour les Vins

de la presse à broyer les raisins jusqu'aux appareils à verser

USTENSILES DE CAVE, ETC.

CAVES EN FER, système anglais
CAVES EN FER, nouveau système, brev. s. g. d. g., 1870

APPAREILS POUR CHAUFFER LES VINS

PORTE-BOUTEILLES, POMPES A BIÈRE

COUTELLERIE SUPÉRIEURE

Machines à polir les couteaux

MACHINES DE MÉNAGE, ETC.

Catalogue illustré avec prix-courant sur demande

OUTILS

pour la fabrication des tonneaux

MACHINES ET USTENSILES

pour la manipulation des vins et spiritueux.

FOURNITURES GÉNÉRALES

pour brasseries, distilleries, caves et chaix.

J. DUVAL

rue Sainte-Croix-de-la-Bretonnerie, 23

PARIS.

ENVOI SUR DEMANDE DE CATALOGUE AVEC FIGURE.

Exploitation générale des Phosphates du Midi

—

Alex^dre JAILLE

A AGEN (Lot-et-Garonne).

1er *Prix, médaille d'or à l'Exposition universelle d'économie domestique de Paris 1872.*

ENGRAIS AGENAIS

N° 1 spécial pour la vigne, à 25 fr.
N° 2 spécial pour la vigne, à 12 fr.

dans toutes les gares de la Cie du Midi.

Engrais pour toutes cultures à 25 fr. les 100 kilog.
Phosphate moulu et Superphosphate.

VINIFICATION

PERFECTIONNÉE ET SIMPLIFIÉE

PAR LES NOUVEAUX INSTRUMENTS

DE

M. E. TERREL DES CHÊNES

Œnothermes transformés, donnant un travail double, avec grande réduction de prix.

Œnotherme n° 00. Instrument de table ou de cabinet, pour l'enseignement ou les essais : Dimensions : 16 centimètres sur 20, 30 bouteilles à l'heure, prix : 200 fr.

Œnotherme n° 1, 14 kilog; 3 hectolitres à l'heure; prix complet : 300 fr.

Œnotherme n° 2, 25 kilog, 8 à 10 hectolitres à l'heure, prix complet : 500 fr.

NOTA. — Ces deux types sont construits de manière à servir pour l'échaudage des vignes, en vue de la destruction de la pyrale.

Œnotherme n° 3, de 16 à 20 hectolitres à l'heure, prix : 800 fr.

NOTA. — Ce type est aussi destiné à une opération essentielle de la vinification : la mise en fermentation immédiate des cuves dans les contrées et les années froides.

Œnotherme n° 4, à vapeur, depuis 20 jusqu'à 50 hect. prix : 50 fr. pour chaque hectol. chauffé à l'heure; le vin étant pris à 10 degrés cent. et porté à 55.

NOTA. — Cet instrument est construit en vue de plusieurs usages autres que le chauffage, notamment le rafraîchissement des fûts secs ou de mauvais goût, la distillation des marcs, des vins et autres liquides fermentés, l'emploi de la vapeur à 2 atmosphères de pression. — La somme de travail annoncée pour les œnothermes est garantie.

Adresser les demandes à l'inventeur, 6, rue de Beaune,

PARIS.

DES MOYENS

D'ÉVITER LES MALADIES
ET DE PROLONGER LA VIE.

La médecine actuelle néglige, à tort selon nous, les anciens remèdes si estimés par nos pères. Parmi ceux qui ont survécu et qui jouissent, à juste titre, d'une honorable réputation, il faut citer, en première ligne, les **Pilules stomachiques** de la **Pharmacie Colbert** (galerie Colbert, à Paris).

Ces pilules connues depuis plus de cent cinquante ans, autorisées par une commission de médecins et de chimistes délégués par le gouvernement, réussissent admirablement pour détruire la constipation, guérir les glaires, les maladies venteuses, celles causées par la bile et le mauvais état du foie. Elles purgent légèrement sans aucune colique, excitent les fonctions digestives, l'appétit et facilitent la digestion.

En un mot, elles entretiennent le corps dans un grand état de fraîcheur et de santé. Par suite de l'activité qu'elles impriment aux organes de la digestion, le sang ne se porte plus à la tête, et cette précieuse propriété les fait prescrire par les médecins aux personnes sujettes aux étourdissements et disposées à l'apoplexie.

Il y a dans presque toutes les villes des dépôts de ces pilules. Au cas où l'on serait éloigné d'une ville, disons que la pharmacie Colbert expédie une boîte de ses pilules à toutes les personnes qui lui envoient 3 francs en timbres-poste. L'expédition est faite aux frais de la PHARMACIE COLBERT *(Passage Colbert, à Paris).*

[illegible]

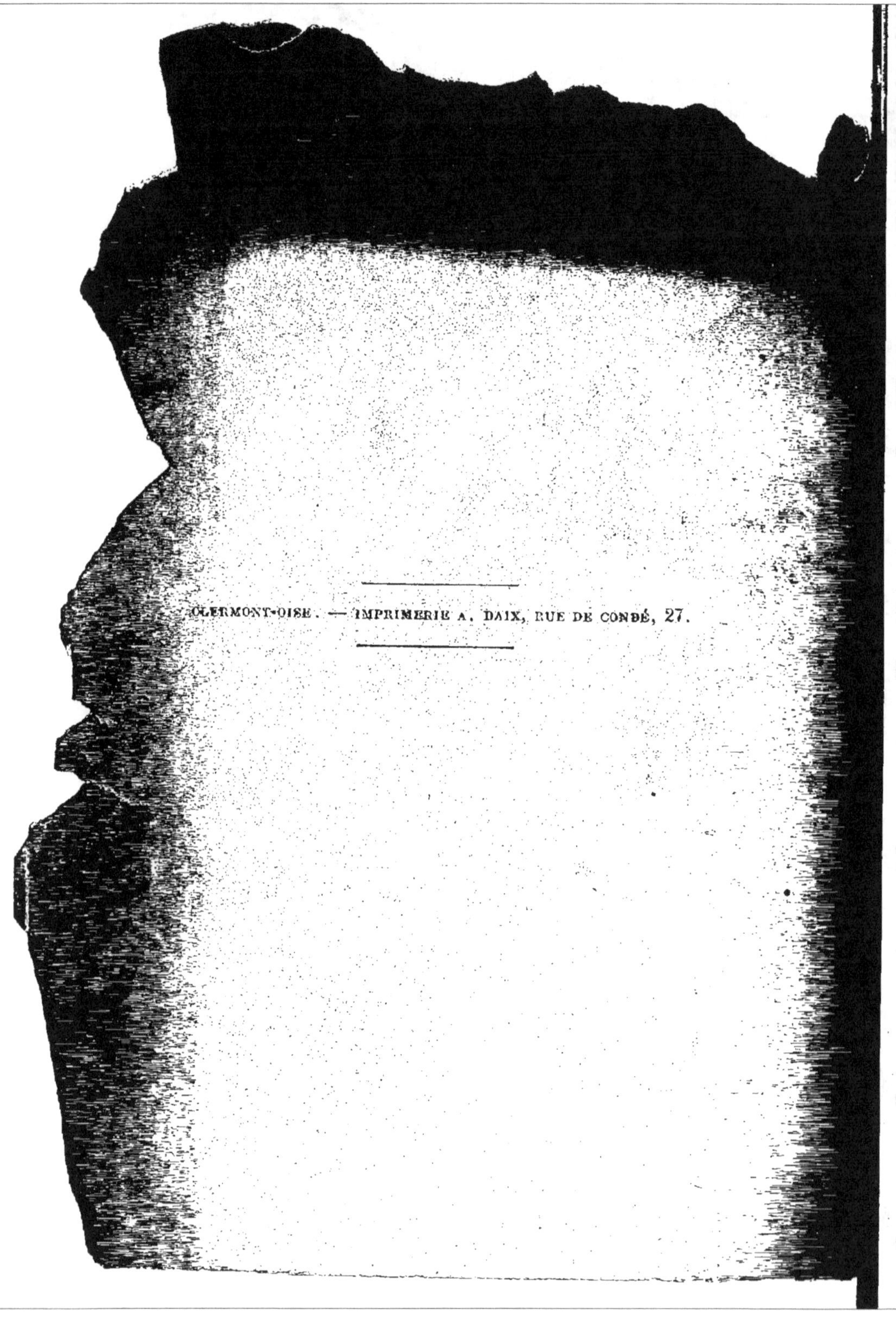

CLERMONT-OISE. — IMPRIMERIE A. DAIX, RUE DE CONDÉ, 27.